TRAITÉ

D'ARITHMÉTIQUE

DE L'IMPRIMERIE DE CRAPELET
RUE DE VAUGIRARD, 9

TRAITÉ

D'ARITHMÉTIQUE

PAR

JOSEPH BERTRAND

MAÎTRE DE CONFÉRENCES À L'ÉCOLE NORMALE, EXAMINATEUR D'ADMISSION
À L'ÉCOLE POLYTECHNIQUE

PARIS

LIBRAIRIE DE L. HACHETTE ET Cie

RUE PIERRE-SARRAZIN, N° 12

(Quartier de l'École de Médecine)

1840

AVERTISSEMENT.

Les jeunes gens auxquels cet ouvrage est spécialement destiné sont ceux qui étudient l'arithmétique avec l'intention d'aborder ensuite les autres parties des mathématiques; c'est pour eux surtout que j'ai cherché à apporter, dans les raisonnements et dans les définitions, une rigueur et une précision dont ils ne sauraient trop tôt prendre l'habitude.

Les problèmes placés à la fin de chaque chapitre sont, en général, un peu trop difficiles pour des commençants. Les élèves de seconde année pourront, je crois, s'exercer utilement à les résoudre.

Je n'ai rien ajouté ni rien supprimé d'essentiel au programme des leçons d'arithmétique que j'ai faites pendant plusieurs années dans un des colléges de Paris. Tout ce que ces rédactions contiennent me semble devoir être enseigné dans les cours de mathématiques élémentaires; j'engagerais cependant les élèves de première année à ne pas étudier les chapitres IX et XVII, dont les autres sont d'ailleurs complétement indépendants.

SIGNES

ET DÉNOMINATIONS EMPLOYÉS DANS CET OUVRAGE.

$+$	*signifie*	plus,
$-$		moins,
$\times$		multiplié par,
$=$		égale.

L'expression de l'égalité de deux nombres se nomme une *égalité*. Les deux nombres reçoivent le nom de *membres de l'égalité*.

Exemple. $5 + 7 = 6 \times 2$ est une égalité dont le premier membre est $5 + 7$ et le second 6×2.

Un théorème est une vérité qui n'est pas évidente par elle-même et qui le devient à l'aide d'une démonstration.

TRAITÉ
D'ARITHMÉTIQUE.

CHAPITRE PREMIER.

NOTIONS PRÉLIMINAIRES. — NUMÉRATION.

NOTIONS PRÉLIMINAIRES.

1. On entend par *grandeur* tout ce qui est susceptible d'augmentation ou de diminution. On voit, d'après cette définition, qu'un même objet fait naître en nous l'idée d'autant de grandeurs distinctes que nous concevons de manières de le modifier. C'est ainsi que la présence d'un corps plus ou moins long, plus ou moins pesant, se mouvant plus ou moins vite, nous fait acquérir la notion des grandeurs que l'on nomme *longueurs, poids, vitesses*, etc.

2. Les mathématiques sont la science des grandeurs; on doit ajouter cependant que toutes les grandeurs ne sont pas de leur ressort. Par exemple, quoiqu'un objet puisse être plus ou moins beau, plus ou moins utile, l'étude du beau et de l'utile n'est pas une branche des mathématiques. Pour que la définition précédente devienne complétement exacte, il faut dire : *les mathématiques sont la science des grandeurs mesurables*.

3. Mesurer une grandeur, c'est en déterminer avec précision la valeur à l'aide d'une autre grandeur de même nature que l'on

regarde comme connue. Dire, par exemple, qu'une longueur a trois mètres, c'est en donner la mesure et l'exprimer au moyen du mètre.

La grandeur qui sert ainsi à en mesurer d'autres prend le nom d'*unité*. Dans l'exemple précédent le mètre était l'unité.

4. Le résultat de la mesure d'une grandeur s'exprime par *un nombre*. Quand on dit, par exemple, une distance de trois mètres, un poids de quinze kilogrammes, un vase de trois quarts de litre, etc., les mots *trois, quinze, trois quarts*, expriment des nombres.

L'idée de nombre a son origine la plus naturelle dans la considération de plusieurs objets distincts. C'est par extension qu'on l'introduit dans la mesure de toutes les grandeurs. Si l'on dit, par exemple, quinze moutons et quinze kilogrammes, la relation de la grandeur à son unité est la même dans les deux cas, mais, dans le premier, l'idée est plus simple, parce que la séparation des unités est matérielle, tandis que dans le second elle est purement fictive.

Les fractions et les nombres incommensurables, que les géomètres considèrent aussi comme des nombres, expriment entre la grandeur et son unité une relation plus complexe, dont nous développerons plus tard la nature.

5. Quand un nombre est énoncé sans que l'on indique la nature des unités qu'il représente, on le nomme nombre *abstrait*; dans le cas contraire, il s'appelle nombre *concret*; ainsi 7 est un nombre abstrait, et quand on dit 7 litres, le nombre est concret.

Nous mentionnons ces dénominations parce qu'elles sont très-répandues; mais nous devons avertir que la seconde tend à donner une idée inexacte. Un nombre concret n'est pas un nombre, c'est une grandeur. Quand on dit 7 litres, le nombre est 7, le mot litre complète l'idée, mais ne la modifie pas.

6. *L'arithmétique est la science des nombres.* Elle comprend l'art d'effectuer les opérations auxquelles ils donnent naissance et l'étude de leurs propriétés; mais cette seconde partie sera réduite dans ce traité au petit nombre de propositions fondamentales qui peuvent faciliter ou abréger les opérations.

NUMÉRATION.

Définition des nombres entiers.

7. Les nombres entiers sont ceux qui expriment l'unité ou la réunion de plusieurs unités. Leur étude constitue la partie principale de l'arithmétique, car c'est toujours sur des nombres entiers que se font en dernière analyse les opérations.

Quoique la manière d'écrire et d'énoncer les nombres entiers soit nécessairement familière à ceux qui abordent l'étude théorique de l'arithmétique, ce système de numération a une telle importance dans l'art de faire les calculs, qu'il est essentiel d'en indiquer avec soin les principes.

Numération parlée.

8. Les premiers nombres ont reçu des noms indépendants les uns des autres, *un, deux, trois, quatre, cinq, six, sept, huit, neuf* et *dix*. Le nombre *dix*, qui se nomme base du système, joue un rôle fort important; il sert à former des unités nouvelles dont l'emploi simplifie notablement l'expression parlée et écrite des nombres supérieurs.

Ces unités sont :

L'unité du second ordre	ou	Dix unités simples.
L'unité du troisième ordre	ou	Cent unités simples.
L'unité du quatrième ordre	ou	Mille unités simples.
L'unité du cinquième ordre	ou	Dix mille unités simples.
L'unité du sixième ordre	ou	Cent mille unités simples.
L'unité du septième ordre	ou	Un million d'unités simples.
Etc.		

Chacune d'elles en vaut dix de l'ordre précédent.

On a donné des noms particuliers à tous les nombres de dizaines inférieurs à dix dizaines. Ces noms sont : *vingt, trente, quarante, cinquante, soixante, soixante-dix, quatre-vingts, quatre-vingt-dix*. Il est inutile d'indiquer la signification de chacun d'eux.

Les nombres compris entre dix et cent s'expriment en indiquant le plus grand nombre de dizaines qu'ils contiennent et y joignant le nom du nombre moindre que dix, qui les complète.

C'est ainsi que l'on dit : *trente-sept.*

Il est évident que l'on peut exprimer ainsi tous les nombres moindres que cent.

Les nombres plus grands que cent et moindres que mille s'expriment en énonçant le plus grand nombre de centaines qu'ils contiennent et ajoutant le nom du nombre, évidemment moindre que cent, qui les complète.

C'est ainsi que l'on dit : *trois cent quarante-sept.*

Il est évident que l'on peut exprimer ainsi tous les nombres moindres que mille.

Les nombres compris entre mille et un million, s'expriment en énonçant combien ils renferment de mille, et y joignant le nom du nombre inférieur à mille qui les complète.

C'est ainsi que l'on dit : *trois cent quarante-deux mille huit cent cinquante-sept.*

Pour exprimer les nombres compris entre un million et un billion, on indique combien ils renferment de millions et on ajoute le nom du nombre moindre qu'un million qui les complète.

C'est ainsi que l'on dit : *trente-cinq millions huit cent trente-deux mille trois cent quarante-deux.*

On peut continuer ainsi indéfiniment. Il suffit de savoir que mille billions font un trillion, mille trillions un quatrillion, etc.

9. On voit que notre système de numération consiste essentiellement dans la décomposition des nombres en diverses parties, qui toutes dérivent simplement de l'unité principale, ce qui permet de se faire plus facilement une idée de leur valeur. Mais cet avantage n'est que secondaire, un autre bien plus important se manifestera à mesure que nous avancerons dans l'étude de l'arithmétique; nous verrons que dans la solution de la plupart des questions d'arithmétique on opère séparément sur chacune de ces parties au lieu d'opérer immédiatement sur le nombre lui-même.

Principes de la numération écrite.

10. Les neuf premiers nombres sont représentés par des figures particulières que l'on nomme des chiffres. Ces neuf figures, auxquelles on en adjoint une dixième, 0, suffisent pour écrire tous les nombres. On est convenu de leur attribuer, outre leur valeur absolue, une valeur relative dépendant de leur position, *un chiffre représente des unités d'un ordre marqué par le rang qu'il occupe à partir de la droite*, c'est-à-dire qu'il représente des unités simples quand il n'est précédé d'aucun autre; des dizaines, s'il a un chiffre à sa droite; des centaines s'il en a deux, etc.

Exemple. Dans le nombre 4738 le chiffre 8 exprime des unités simples, 3 des dizaines, 7 des centaines et 4 des mille.

11. Remarque. Un chiffre peut aussi être considéré comme exprimant des unités d'un ordre quelconque inférieur à son rang, pourvu qu'on en compte dix, cent, mille, ..., fois plus si elles sont dix, cent, mille, ..., fois moindres. Ainsi, par exemple, 3 suivi de cinq autres chiffres exprime également 3 centaines de mille, 30 dizaines de mille, 300 mille, 3000 centaines, 30000 dizaines ou 300000 unités. De la convention qui précède, on déduit les deux règles suivantes, qui constituent la numération écrite.

Règle pour lire un nombre écrit.

12. Quand le nombre n'a pas plus de quatre chiffres, on énonce successivement les différents chiffres, en indiquant le nom des unités qu'ils représentent.

Exemple. 3454, *trois mille quatre cent cinquante-quatre.*

Lorsqu'il a plus de quatre chiffres on le décompose en tranches de trois chiffres à partir de la droite, la dernière pouvant seule avoir un ou deux chiffres. La première tranche représente alors des unités simples, la seconde des mille, la troisième des millions, la quatrième des billions, etc.; on lit successivement les nombres formés par l'ensemble des trois chiffres d'une même tranche, en faisant suivre cette lecture de l'indication de la nature des unités représentées par les tranches.

Exemple. Le nombre 34211893514, se lit : 34 *billions*, 211 *millions*, 893 *mille*, 514 *unités*.

Règle pour écrire un nombre énoncé.

13. Le nombre étant décomposé conformément aux habitudes de la numération parlée, en unités simples, mille, millions, billions, etc., on écrit les nombres de chacune de ces unités à la droite les uns des autres en commençant par celles de l'ordre le plus élevé, et finissant par les unités simples. Il faut avoir soin que chacun de ces nombres d'unités ait précisément trois chiffres, et placer pour cela des zéros à la gauche de ceux qui sont exprimés par un ou deux chiffres. Si une de ces unités manquait complétement, il faudrait mettre trois zéros à la place des trois chiffres qui lui correspondent, afin que les chiffres placés à gauche conservassent la valeur relative qu'ils doivent avoir.

Exemple. *Sept cent quarante-trois millions quatre-vingt-dix-neuf unités*, s'écrivent : 743000099. On écrit trois zéros à la place des mille qui manquent, et 099 au lieu de 99 pour la tranche des unités, afin que cette tranche contienne trois chiffres.

14. Remarque. Dans l'emploi habituel de notre système de numération, les unités des 4ᵉ, 7ᵉ, 10ᵉ... ordres (*mille, millions, billions*...) jouent le rôle le plus important. Les autres disparaissent en effet du langage et l'on n'a même pas créé de mots particuliers pour les distinguer; en sorte que dans la numération parlée, au lieu d'appeler l'attention sur la décomposition des nombres en unités de premier, second, troisième, quatrième, cinquième ordre, on les présente comme décomposés en unités, mille, millions, etc. Cet usage apporte plus de brièveté dans le langage; mais comme les calculs se font toujours sur des nombres écrits, il n'exerce sur eux aucune influence.

RÉSUMÉ.

1. Définition des grandeurs. — **2.** Les grandeurs mesurables sont seules du ressort des mathématiques. — **3.** Définition de l'unité. — **4.** Définition du nombre; la pluralité est l'origine la plus simple de l'idée du nombre. — 5. Nombres abstraits et nombres concrets; les premiers seuls sont des nombres. — 6. Définition de l'arithmétique. — 7. Numération parlée. — 8. Unités des divers ordres qui dérivent toutes, d'une manière simple, de l'unité principale. — 9. Notre système de numération consiste essentiellement dans la décomposition des nombres en un petit nombre d'unités de chaque ordre. — 10. Numération écrite; convention sur laquelle elle repose. — 11. Un chiffre peut être considéré comme représentant des unités d'un ordre quelconque inférieur à son rang. — 12. Règle pour lire un nombre écrit. — 13. Règle pour écrire un nombre énoncé. — 14. Importance particulière des unités simples, mille, millions, billions, etc., dans le système de numération parlée.

EXERCICES.

I. On écrit la suite naturelle des nombres sans séparer les différents chiffres. Chercher le 75892ᵉ chiffre de cette suite.

II. Prouver que le nombre qui exprime combien il y a de chiffres dans la suite naturelle des nombres, depuis l'unité jusqu'à un nombre dont tous les chiffres sont des 9, 9999999;.... a pour dernier chiffre un 9 précédé d'un certain nombre de 8, qui eux-mêmes sont précédés d'un nombre d'autant d'unités qu'il y a de 8 à sa droite. Par exemple, le nombre de chiffres que l'on doit écrire pour faire le tableau des 99 premiers nombres est 189; pour les 999 premiers il en faut 2889; pour les 9999 premiers 38889, etc.

III. Si l'on considère deux nombres quelconques, 1 et 2, par exemple, et qu'on forme une suite de nombres tels que chacun soit égal à la somme des deux précédents, c'est-à-dire que l'on opère de la manière suivante : 1 et 2 font 3; 2 et 3 font 5; 3 et 5 font 8; 5 et 8 font 13, etc.; prouver qu'en continuant indéfiniment il y aura toujours quatre nombres au moins de cette série et cinq au plus, à avoir un nombre donné de chiffres.

CHAPITRE II.

ADDITION ET SOUSTRACTION DES NOMBRES ENTIERS.

ADDITION.

Définitions.

15. *L'addition* consiste dans la réunion de deux ou plusieurs grandeurs de même nature en une seule. En arithmétique ces grandeurs sont toujours représentées par des nombres, et l'addition a pour but de trouver le nombre qui exprime leur réunion ou leur *somme.*

L'addition s'indique par le signe +.

EXEMPLE. $5+7$ signifie 5 plus 7.

Pour qu'on puisse additionner plusieurs grandeurs, il faut qu'elles soient de même nature. Il serait absurde, par exemple, de vouloir ajouter trois mètres à cinq grammes. Pour ajouter deux nombres, il est inutile de connaître la nature des unités qu'ils représentent, il suffit de savoir que ces unités sont les mêmes. Ainsi, en disant : *sept et trois font dix,* on exprime à la fois que : *sept mètres et trois mètres font dix mètres, sept maisons et trois maisons font dix maisons, sept centaines et trois centaines font dix centaines.*

Il faut bien savoir que les nombres abstraits ne représentent rien par eux-mêmes, et qu'en opérant sur eux on entend seulement que la nature des unités concrètes qu'ils représentent n'est pas encore fixée, mais pourra l'être ultérieurement d'une manière arbitraire.

Table d'addition.

16. Pour faire une addition, il faut savoir ajouter les nombres d'un seul chiffre. Il n'existe pour cela aucune règle, et on doit

apprendre par cœur les résultats de ces opérations simples. Ces résultats sont consignés dans le tableau suivant, où la somme de deux nombres se trouve à l'intersection des bandes horizontales et verticales en tête desquelles ces nombres sont écrits.

1	2	3	4	5	6	7	8	9
2	4	5	6	7	8	9	10	11
3	5	6	7	8	9	10	11	12
4	6	7	8	9	10	11	12	13
5	7	8	9	10	11	12	13	14
6	8	9	10	11	12	13	14	15
7	9	10	11	12	13	14	15	16
8	10	11	12	13	14	15	16	17
9	11	12	13	14	15	16	17	18

Je n'insiste pas sur la formation de ce tableau. Bien peu de personnes d'ailleurs auront besoin de le consulter.

Principe sur lequel repose la théorie de l'addition.

17. L'addition de deux nombres quelconques se ramène à l'addition des nombres inférieurs à dix, à l'aide du principe suivant :

Pour ajouter deux nombres, on peut, après les avoir décomposés en plusieurs parties, ajouter dans un ordre quelconque ces parties les unes aux autres et réunir les sommes qui en résultent. Il est évident, en effet, que le résultat ainsi obtenu contiendra toutes les parties des deux nombres, et sera, par conséquent, leur somme.

Addition de deux nombres.

18. D'après cela, soit à additionner les deux nombres 7847 et 3952,

$$\begin{array}{r} 7847 \\ 3952 \\ \hline 11799 \end{array}$$

Ces deux nombres peuvent être décomposés chacun en quatre parties, unités, dizaines, centaines, mille, et on pourra, d'après le principe précédent, ajouter séparément les unités de même ordre et réunir les résultats partiels.

On dira : 7 et 2 font 9; 9 peut être écrit immédiatement comme chiffre des unités, car les opérations suivantes fourniront toujours des nombres exacts d'unités d'ordre supérieur, et ne pourront, par conséquent, modifier le chiffre des unités simples.

4 dizaines et 5 dizaines font 9 dizaines; on peut, par une raison semblable, écrire 9 comme chiffre des dizaines.

8 centaines et 9 centaines font 17 centaines, c'est-à-dire 1 mille plus 7 centaines; on peut écrire 7 comme chiffre des centaines et retenir le mille pour le réunir au chiffre suivant.

7 mille et 3 mille font 10 mille; en y joignant le mille retenu plus haut, nous aurons 11 mille, c'est-à-dire une dizaine de mille et un mille; les chiffres correspondant à ces deux ordres d'unités sont, par conséquent, l'un et l'autre égaux à 1, et la somme demandée est 11799.

Un raisonnement semblable pourra se faire dans chaque cas, et conduit à la règle suivante :

Pour additionner deux nombres, on les écrit l'un au-dessous de l'autre de manière que leurs unités de même ordre se correspondent. On ajoute d'abord les chiffres des unités; si cette somme est moindre que 9, *on l'écrit au résultat dont elle est le chiffre des unités; si elle surpasse* 9, *on n'écrit que ses unités et on retient une dizaine pour la joindre à la somme obtenue par l'addition des chiffres des dizaines. On continue de même en additionnant toujours les unités de même ordre dans les deux nombres jusqu'à ce qu'on soit parvenu à celles de l'ordre le plus élevé, dont la somme, jointe à la retenue précédente, s'écrit telle qu'on l'a trouvée.*

Addition de plusieurs nombres.

19. Pour ajouter plus de deux nombres on procède d'une manière analogue et conformément à la règle suivante :

Pour additionner plusieurs nombres, on les écrit les uns sous les autres de manière que leurs unités de même ordre se trouvent sur une même colonne verticale. On fait la somme des chiffres de la première colonne à droite, qui est celle des unités ; quand cette somme ne surpasse pas 9, on l'écrit au résultat comme chiffre des unités. Si elle surpasse 9, on n'écrit que les unités et l'on retient les dizaines pour les joindre à la deuxième colonne, sur laquelle on opère d'une manière semblable et ainsi de suite jusqu'à la dernière colonne, dont la somme, jointe à la retenue précédente, s'écrit telle qu'on l'a trouvée.

Cette règle ne nous paraît pas avoir besoin de démonstration ; pour l'appliquer, il faut savoir ajouter plusieurs nombres d'un seul chiffre ; cette addition se fera de tête et successivement, c'est-à-dire qu'on ajoutera d'abord les deux premiers nombres, puis le résultat obtenu au troisième, et ainsi de suite. Ces opérations sont tellement simples qu'on les fait ordinairement sans prendre la plume.

Preuve de l'addition.

20. La preuve d'une opération est une seconde opération qui a pour but de contrôler le résultat de la première. Pour faire la preuve d'une addition, on peut recommencer l'opération dans un autre ordre, par exemple, en ajoutant de bas en haut si la première fois on avait ajouté de haut en bas. Si cette seconde opération conduit au résultat déjà obtenu, ce sera une forte raison pour le croire exact.

SOUSTRACTION.

Définitions.

21. La *soustraction* a pour but de chercher la différence de deux grandeurs, ou, en d'autres termes, ce qu'on doit ajouter à la plus petite pour la rendre égale à la plus grande. En arithmétique, ces grandeurs sont toujours représentées par des nombres, et la soustraction a pour but de trouver la différence de deux nombres. On doit remarquer que pour chercher la différence de deux nombres, il est inutile de connaître la nature des unités qu'ils représentent; ainsi en disant : *douze moins quatre font huit*, on exprime à la fois que *douze mètres moins quatre mètres font huit mètres, douze maisons moins quatre maisons font huit maisons, douze centaines moins quatre centaines font huit centaines.*

La soustraction s'indique par le signe —.

Exemple. 12—4 signifie 12 moins 4.

Le résultat d'une soustraction se nomme quelquefois le *reste;* les deux nombres sur lesquels on opère, les *termes* de la soustraction.

Pour faire la différence de deux nombres quelconques, il faut savoir par cœur les différences des nombres d'un seul chiffre, ainsi que la différence entre un nombre d'un seul chiffre et un nombre plus grand qui ne le surpasse pas de dix unités. Ces résultats sont, au fond, identiques à ceux que l'on doit savoir par cœur pour faire des additions; par exemple, savoir que 7 et 5 font 12, c'est savoir que 12 moins 5 font 7.

Principes sur lesquels repose la théorie de la soustraction.

22. Le raisonnement qui conduit à la règle de soustraction est basé sur les principes suivants :

1° *Si deux nombres sont décomposés en un même nombre de parties, et que toutes les parties du plus grand surpassent les parties correspondantes du plus petit, leur différence pourra s'obtenir en additionnant les différences des parties correspondantes.*

Exemple. 8 surpasse 5 de 3 unités, et 11 surpasse 7 de 4 unités. La somme 8+11 surpasse 5+7 de 3+4 ou 7 unités.

2° *La différence de deux nombres ne change pas quand on les augmente l'un et l'autre également.*

Soustraction de deux nombres.

23. Les deux principes précédents sont du nombre de ceux que l'on rendrait moins clairs en cherchant à les expliquer.

Le premier suffit quand tous les chiffres du plus grand nombre surpassent les chiffres correspondants du plus petit. Soit en effet 421103 à soustraire de 783214 ; écrivons ces deux nombres l'un au-dessous de l'autre de manière que les chiffres qui expriment des unités de même ordre se correspondent sur une même ligne verticale :

$$\begin{array}{r} 783214 \\ 421103 \\ \hline 362111 \end{array}$$

on retranchera successivement chaque chiffre de celui qui est au-dessus, et on obtiendra les chiffres de la différence, car en opérant ainsi, on retranche évidemment chaque partie du plus petit nombre de la partie correspondante du plus grand et on réunit les résultats de ces soustractions.

Quand la condition précédente n'est pas remplie, l'opération est un peu moins simple, soit 27513 à soustraire de 31274, écrivons ces deux nombres l'un au-dessous de l'autre :

$$\begin{array}{r} 31274 \\ 27513 \\ \hline 3761 \end{array}$$

nous dirons : 3 unités soustraites de 4 unités, reste 1 unité.

1 dizaine soustraite de 7 dizaines, restent 6 dizaines.

5 centaines de 2 centaines ne peuvent se retrancher ; nous ajouterons alors 10 centaines au nombre supérieur, et nous dirons : 5 centaines de 12 centaines, restent 7 centaines.

Ayant ajouté 10 centaines au nombre supérieur, il faut, conformément au second principe, pour que la différence ne soit pas changée, ajouter aussi 10 centaines ou 1 mille au nombre inférieur ; nous continuerons donc l'opération comme si ce nombre avait 8 pour chiffre des mille. Nous dirons : 8 mille de 1 mille ne peuvent se retrancher, ajoutons donc dix mille au nombre supérieur, et disons : 8 mille de 11 mille, restent 3 mille.

Ayant de nouveau augmenté le nombre supérieur, nous devons augmenter d'autant le nombre inférieur, et il suffira pour cela de continuer l'opération comme si le chiffre des dizaines de mille était 3. Ce chiffre 3 retranché de 3, donnera pour reste 0, en sorte que la différence est 3761.

REMARQUE. Dans le raisonnement précédent nous avons supposé que les deux nombres eussent autant de chiffres l'un que l'autre; s'il n'en était pas ainsi, il n'y aurait rien à changer, car les chiffres manquants à la gauche du plus petit nombre peuvent être remplacés par des zéros.

D'après cela, on peut énoncer la règle suivante :

24. *Pour faire la soustraction de deux nombres entiers on écrit le plus petit sous le plus grand, de manière que les unités du même ordre se correspondent, puis on retranche chaque chiffre inférieur de celui qui est placé au-dessus, en commençant par la droite; si l'une de ces soustractions est impossible, on ajoute dix unités au chiffre supérieur, mais alors on continue l'opération comme si le chiffre suivant du nombre à soustraire était plus grand d'une unité. Les résultats de ces diverses soustractions sont les chiffres de la différence cherchée.*

Preuve de la soustraction.

25. Pour vérifier une soustraction, il faut ajouter le reste au plus petit des deux nombres. Le résultat de cette addition doit être égal au plus grand.

De même que l'addition sert de preuve à la soustraction, la soustraction peut servir de preuve à l'addition. Pour qu'en effet une addition soit exacte, il faut qu'en retranchant de la somme trouvée l'un des deux nombres ajoutés, on trouve l'autre pour reste.

Soustraction d'une différence.

26. THÉORÈME. *Pour retrancher d'un nombre la différence de deux autres, il faut retrancher le plus grand et ajouter le plus petit au résultat.*

Par exemple, pour retrancher d'un nombre 10 — 3 ou 7 unités, on pourra d'abord retrancher 10 et ajouter 3 au résultat. Car en retranchant dix unités, on en retranche 3 de trop; le résultat est donc trop faible de trois unités, et devient par conséquent exact quand on lui ajoute 3.

Cette démonstration est générale, car elle ne repose nullement sur le choix particulier que nous avons fait des nombres 10 et 3.

RÉSUMÉ.

15. Définition de l'addition; on peut opérer sur des nombres abstraits, et le résultat s'appliquera à des nombres concrets quelconques, pourvu qu'ils soient de même nature. — 16. Table d'addition. — 17. Principe évident sur lequel repose la règle d'addition. — 18, 19. Règle d'addition pour deux ou plusieurs nombres. — 20. Preuve de l'addition. — 21. Définition de la soustraction. — 22. Principes évidents sur lesquels repose la théorie de la soustraction. — 23. Règle de soustraction lorsque tous les chiffres du plus grand nombre surpassent les chiffres correspondants du plus petit. — 24. Règle dans le cas général. — 25. Preuve de la soustraction. — 26. Théorème relatif à la soustraction d'une différence.

EXERCICES.

I. Pour soustraire deux nombres l'un de l'autre, par exemple, 78324 de 92143, on peut procéder de la manière suivante :

$$\begin{array}{r} 92143 \\ 78324 \\ \hline 13819 \end{array}$$

opérez comme s'il s'agissait d'une addition en substituant au chiffre des unités du plus petit nombre, ce qui lui manque pour être égal à 10 et aux autres ce qui leur manque pour être égaux à 9, et supprimant au résultat le chiffre 1 qui se trouve nécessairement à la gauche. Ainsi, dans l'exemple écrit plus haut, on dira 6 et 3 font 9; 7 et 4, 11, je pose 1 et je retiens 1; 6 et 1, 7 et 1 de retenu, 8; 1 et 2, 3; 2 et 9, 11 que j'écris, et je supprime, conformément à la règle, le dernier chiffre 1.

II. Pour ajouter deux nombres, on peut procéder comme s'il s'agissait d'une soustraction, en substituant au chiffre des unités de l'un des nombres, ce qui lui manque pour être égal à 10 et aux autres ce qui leur manque pour être égaux à 9, et augmentant le second nombre d'une unité de l'ordre immédiatement supérieur à celles qu'exprime le dernier chiffre du premier. Ainsi, pour ajouter 3752 et 8796, on retranchera 1204 de 13752.

III. Quand on ajoute plusieurs nombres, la somme des chiffres du résultat est surpassée par la somme totale des chiffres des nombres ajoutés, d'un nombre exact de fois 9.

IV. Si l'on ajoute la somme de deux nombres à leur différence, on obtient pour résultat le double du plus grand, et, en retranchant la différence de deux nombres de leur somme, on obtient pour résultat le double du plus petit.

V. Trouver trois nombres tels que la somme des deux premiers soit 12, celle des deux derniers 16 et celle du premier et du dernier 14.

VI. Si l'on ajoute 11 à un nombre, prouver que la différence entre la somme des chiffres de rang impair à partir de la droite et la somme des chiffres de rang pair ne peut être changée que d'un nombre exact de fois 11, et énumérer les différents cas qui peuvent se présenter.

CHAPITRE III.

MULTIPLICATION DES NOMBRES ENTIERS.

Définitions.

27. Quand on répète une grandeur un nombre entier de fois, on dit qu'on la *multiplie* par ce nombre entier. La grandeur reçoit alors le nom de *multiplicande*, et le résultat, se nomme son *produit*, par le nombre entier qui a servi de *multiplicateur*.

En arithmétique, le multiplicande est représenté par un nombre et l'on cherche le nombre qui représente le produit.

Le multiplicande et le multiplicateur se nomment les *facteurs du produit*; on dit aussi que le produit est un *multiple du multiplicande*; en général, on nomme *multiple d'un nombre*, ou d'une *grandeur*, son produit par un nombre entier.

La multiplication s'indique par le signe $\times$.

EXEMPLE. 5×7, se lit : 5 multiplié par 7.

Table de multiplication.

28. Pour faire une multiplication, il faut connaître les produits formés par deux nombres d'un seul chiffre : ces produits se trouvent dans le tableau suivant, à l'intersection des colonnes horizontales et verticales, en tête desquelles les facteurs sont écrits.

Chaque nombre inscrit dans une colonne verticale de ce tableau, s'obtient en ajoutant au précédent, celui qui commence la colonne, dont on forme ainsi, successivement, le double, le triple, le quadruple, etc.

Il faut apprendre par cœur ces résultats. Il serait impossible de faire les calculs, s'il fallait avoir recours au tableau chaque fois que l'on doit multiplier deux nombres d'un seul chiffre.

1	2	3	4	5	6	7	8	9
2	4	6	8	10	12	14	16	18
3	6	9	12	15	18	21	24	27
4	8	12	16	20	24	28	32	36
5	10	15	20	25	30	35	40	45
6	12	18	24	30	36	42	48	54
7	14	21	28	35	42	49	56	63
8	16	24	32	40	48	56	64	72
9	18	27	36	45	54	63	72	81

Principes sur lesquels repose la multiplication.

29. 1° *Si le multiplicande est la somme de plusieurs nombres, on obtiendra le produit, en multipliant successivement chacun d'eux par le multiplicateur et ajoutant les résultats.*

Il est évident, en effet, que si l'on répète, par exemple, sept fois chacune des parties d'un nombre, ce nombre lui-même sera répété sept fois.

2° *Si le multiplicateur est la somme de plusieurs nombres, on obtiendra le produit, en multipliant, successivement, le multiplicande par chacun d'eux et ajoutant les résultats.*

Car on pourra, par exemple, répéter un nombre dix-sept fois, en le répétant d'abord dix fois et ensuite sept fois.

3° *Le produit de deux nombres entiers ne change pas, quand on intervertit les facteurs.*

Soient les facteurs 25 et 12 : il faut prouver que 25 fois 12 est égal à 12 fois 25. Or, pour former 25 fois 12, il faut répéter 25 fois chacune des unités qui composent 12; par cette multiplication, ces unités deviennent égales à 25, et le produit se compose, par conséquent, de 12 fois 25. C'est ce qu'il fallait démontrer.

4° *Pour multiplier un nombre entier par* 10, 100, 1000, *etc., il suffit d'écrire un, deux, trois..., zéros à sa droite.*

Il est évident, en effet, que l'on rendra ainsi la valeur représentée par chaque chiffre 10, 100, 1000... fois plus grande.

Exemple. Le produit de 3752 par 100000 est 375200000.

Multiplication d'un nombre quelconque par un multiplicateur d'un seul chiffre.

30. Soit 7283 à multiplier par 5. Il faut (**29**) répéter cinq fois chacune des parties du nombre 7283; la table de multiplication permet de le faire facilement. En effet :

5 fois 3 unités font 15 unités.
5 fois 8 dizaines font 40 dizaines.
5 fois 2 centaines font 10 centaines.
5 fois 7 mille font 35 mille.

Dans la pratique, on ajoute ces produits partiels au fur et à mesure qu'on les obtient. Ainsi, dans l'exemple précédent, on dira :

$$\begin{array}{r} 7283 \\ 5 \\ \hline 36415 \end{array}$$

5 fois 3 unités font 15 unités, on pose 5 unités et on retient 1 dizaine. 5 fois 8 dizaines font 40 dizaines et une dizaine de retenue font 41 dizaines, on pose 1 dizaine et on retient 4 centaines. 5 fois 2 centaines font 10 centaines et 4 de retenue font 14 centaines, on pose 4 centaines et on retient 1 mille. 5 fois 7 mille font 35 mille et 1 de retenue font 36 mille, que l'on écrit à la gauche des trois premiers chiffres obtenus, ce qui donne pour produit 36415.

Multiplication d'un nombre quelconque par un chiffre significatif suivi d'un ou plusieurs zéros.

31. Soit 7283 à multiplier par 500.

500 est égal à 5 fois 100, ou à 100 fois 5 (**29**); par consé-

quent, pour répéter le multiplicande 500 fois, il suffit de le répéter 5 fois, puis de multiplier le résultat par 100. La multiplication par 5 se fera conformément à la méthode exposée plus haut (30), et pour multiplier le résultat par 100, on écrira à sa droite deux zéros (29, 4°). Nous pouvons donc énoncer la règle suivante.

Pour multiplier un nombre quelconque, par un chiffre significatif suivi d'un ou plusieurs zéros, on le multiplie par ce chiffre considéré comme représentant des unités simples, et on écrit à la droite du produit autant de zéros qu'il y en a à la droite du multiplicateur.

Multiplication de deux nombres quelconques.

32. Soit 375 à multiplier par 286. Pour répéter 375, 286 fois, il suffit (29) de le répéter, successivement, 8 fois, 70 fois et 200 fois, et d'ajouter les résultats. Chacune de ces multiplications rentre dans l'un des deux cas précédents et n'exige pas d'explications nouvelles. Nous pouvons donc énoncer la règle suivante.

Pour faire le produit de deux nombres entiers, on multiplie successivement le multiplicande par chacun des chiffres du multiplicateur, et on ajoute les résultats, après avoir placé à la droite de chacun d'eux un nombre de zéros égal au nombre de chiffres qui précèdent le multiplicateur qui l'a fourni.

Dans la pratique, on se dispense d'écrire les zéros, on se borne à donner aux chiffres des produits partiels la place qu'ils occuperaient après l'addition de ces zéros.

EXEMPLE.

```
   286
   375
  ----
  1430
 2002
 858
------
107250
```

Produits de plusieurs facteurs.

33. Faire le produit de plusieurs facteurs, c'est multiplier les deux premiers, le résultat obtenu par le troisième, ce résultat par le quatrième, et ainsi de suite.

EXEMPLE. $2\times3\times5\times4\times6$ signifie : le produit de 2 par 3, qui est 6, multiplié par 5; puis, le résultat par 4, et enfin ce dernier résultat par 6 : c'est-à-dire 720.

Carrés et puissances.

34. Le produit d'un nombre par lui-même se nomme son *carré* ou sa *deuxième puissance*. Si le nombre est pris trois fois comme facteur, le produit se nomme *cube* ou *troisième puissance;* en général, si on prend un nombre 4, 5, 6,... fois comme facteur, le produit se nomme *quatrième, cinquième, sixième,... puissance de ce nombre.*

EXEMPLE. Dans notre système de numération, les unités des divers ordres, dix, cent, mille, etc., sont les puissances de la base dix.

Pour écrire une puissance d'un nombre, on écrit au-dessus de lui, le nombre de fois qu'il doit être pris comme facteur, qui se nomme l'*exposant de la puissance.*

EXEMPLE. 10^3 signifie 10 au cube ou 1000; 3 est l'exposant.

Théorèmes relatifs à la multiplication.

35. THÉORÈME I. *Un produit ne change pas quand on intervertit les facteurs.*

Quoique la démonstration de ce théorème ait déjà été donnée (29) pour le cas de deux facteurs, nous la reproduirons ici, afin de rassembler tout ce qui est relatif à cette proposition importante.

1° *Un produit de deux facteurs ne change pas quand on intervertit les facteurs.*

Soient les facteurs 25 et 12; il faut prouver que 25 fois 12 est égal à 12 fois 25. Or, pour former 25 fois 12, il faut répéter 25 fois chacune des unités qui composent 12; par cette multiplication, ces unités deviennent égales à 25, et le produit se compose, par conséquent, de 12 fois 25.

2° *Un produit ne change pas quand on intervertit les deux premiers facteurs.*

Soit, en effet, le produit $5\times7\times8\times9$, il faut prouver qu'il est égal à $7 \times 5 \times 8 \times 9$. Or, pour effectuer la première opération, il faut multiplier 5 par 7, le produit par 8 et le nouveau produit par 9. Pour effectuer la seconde, il faut multiplier 7 par 5, le produit par 8 et le nouveau produit par 9; ce qui est absolument la même chose, puisque 5×7 est égal à 7×5.

3° *Un produit de trois facteurs ne change pas quand on intervertit les deux derniers.*

Soit le produit $12 \times 7 \times 8$; il faut prouver, qu'il est égal à $12 \times 8 \times 7$. Cela résulte encore du théorème relatif au cas de deux facteurs, en vertu duquel 7×8 est égal à 8×7; cette égalité signifie, en effet, que 8 fois 7 *unités* valent 7 fois 8 *unités*. Le mot unité désignant ici une grandeur tout à fait arbitraire, cette grandeur peut être une collection de douze objets, ou une *douzaine*, et par suite

8 fois 7 douzaines valent 7 fois 8 douzaines;

ce qui est la traduction, en langage ordinaire, de l'égalité que nous voulons prouver,

$$12 \times 8 \times 7 = 12 \times 7 \times 8;$$

car, le premier membre de cette égalité, exprime 7 fois 8 douzaines, et le second 8 fois 7 douzaines.

4° *Un produit ne change pas quand on intervertit les deux derniers facteurs.*

Soit le produit $3 \times 7 \times 8 \times 9 \times 5 \times 4$; il faut prouver qu'il est égal à $3 \times 7 \times 8 \times 9 \times 4 \times 5$.

Pour former ces deux produits, il faudrait commencer, dans les deux cas, par multiplier 3 par 7, le produit par 8 et le nouveau produit par 9. Sans effectuer ces opérations, désignons-en le résultat par une lettre P; pour achever le premier produit, il faut multiplier P par 5 et le produit par 4, pour achever le second, il faut multiplier P par 4 et le produit par 5, ce qui revient au même, car, en vertu du théorème précédent, on a

$$P \times 5 \times 4 = P \times 4 \times 5.$$

5° *Un produit ne change pas quand on intervertit deux facteurs consécutifs.*

Soit le produit $3 \times 5 \times 7 \times 9 \times 11 \times 4 \times 5 \times 6$. Il faut prouver qu'il est égal à $3 \times 5 \times 7 \times 9 \times 4 \times 11 \times 5 \times 6$.

D'après la proposition précédente, on a

$$3\times5\times7\times9\times11\times4=3\times5\times7\times9\times4\times11.$$

Si on multiplie ces deux nombres égaux par 5 et les résultats obtenus par 6, les produits seront évidemment égaux, et, par conséquent,

$$3\times5\times7\times9\times11\times4\times5\times6=3\times5\times7\times9\times11\times4\times5\times6.$$

C'est ce qu'il fallait démontrer.

6° *Démontrons enfin que dans un produit de plusieurs facteurs, on peut changer d'une manière quelconque l'ordre des facteurs sans altérer la valeur du produit.*

Il est permis (5°) d'intervertir deux facteurs consécutifs. Or, par une suite d'inversions de ce genre, on pourra amener les facteurs à se succéder dans tel ordre que l'on voudra. On pourra choisir, en effet, l'un quelconque d'entre eux, et l'amener à la première place en le changeant successivement avec ceux qui se trouveront à sa gauche. Cela fait, on pourra en choisir un second et l'amener de la même manière à la seconde place, puis un troisième, que l'on fera parvenir à la troisième place, et ainsi de suite, jusqu'à ce qu'ils soient tous placés dans l'ordre assigné.

30. Théorème II. *Pour multiplier un nombre par le produit de plusieurs facteurs, on peut le multiplier successivement par ces divers facteurs.*

Soit le nombre 13 à multiplier par le produit $2\times3\times5$, qui est égal à 30; on a

$$13\times30=30\times13.$$

Or, dans le produit 30×13, on peut remplacer 30 par $2\times3\times5$. Car, par définition, pour effectuer $2\times3\times5\times13$, il faudra d'abord former le produit $2\times3\times5$ ou 30, et le multiplier par 13; on a donc

$$30\times13=2\times3\times5\times13,$$

ou, en changeant l'ordre des facteurs dans le second membre,

$$30\times13=13\times2\times3\times5;$$

c'est précisément ce qu'il fallait démontrer.

REMARQUE I. *Pour multiplier un produit par un nombre, il suffit de multiplier un de ses facteurs par ce nombre.* Nous venons de voir, en effet, que

$$(2\times3\times5)\times13=13\times2\times3\times5.$$

Or, le second membre peut s'écrire

$$(13\times2)\times3\times5,$$

et, par conséquent, pour multiplier le produit $2\times3\times5$ par 13, il a suffi de multiplier un de ses facteurs par 13.

REMARQUE II. *On peut multiplier un produit par un autre produit, en formant un produit unique avec les facteurs du multiplicande et ceux du multiplicateur.*

Soit à multiplier $5\times7\times4$ par $8\times5\times3$. Pour multiplier un nombre par le produit $8\times5\times3$, il suffit (30) de le multiplier successivement par chacun des facteurs de ce produit, on a donc

$$(5\times7\times4)\times(8\times5\times3)=(5\times7\times4)\times8\times5\times3,$$

la parenthèse dans le second membre ne changeant rien aux opérations indiquées, on peut la supprimer et écrire

$$(5\times7\times4)\times(8\times5\times3)=5\times7\times4\times8\times5\times3,$$

ce qu'il fallait démontrer.

REMARQUE III. *On peut, remplacer, dans un produit, un nombre quelconque de facteurs par leur produit effectué.*

L'ordre des facteurs étant indifférent, supposons que ceux dont on parle soient les derniers, cette proposition ne diffère alors de la précédente que par la forme de l'énoncé. Dire, en en effet, que pour multiplier un produit, par un produit effectué, on peut le multiplier successivement par ses différents facteurs, c'est dire que pour le multiplier successivement par différents facteurs, on peut le multiplier par leur produit effectué.

EXEMPLE. $3\times2\times7\times4=3\times2\times28.$

REMARQUE IV. *Pour multiplier deux puissances d'un même nombre, il suffit d'ajouter leurs exposants.*

Soit, en effet, à multiplier 2^3 par 2^4, c'est-à-dire $2\times2\times2$ par $2\times2\times2\times2$; il suffit (Remarque II) de former un produit unique avec les facteurs du multiplicande et ceux du multiplicateur. Or, ce produit est

$$2\times2\times2\times2\times2\times2\times2,$$

ou 2^7.

REMARQUE V. *Pour multiplier deux nombres terminés par des zéros, on peut supprimer ces zéros, faire ensuite la multiplication et ajouter à la droite du produit autant de zéros qu'il y en a dans les deux facteurs.*

Soit à multiplier 378000 par 2700, c'est-à-dire (29) 378×10^3 par 27×10^2, on a (36),

$$(378\times10^3)\times(27\times10^2)=(378\times27)\times10^3\times10^2=378\times27\times10^5,$$

pour former le produit demandé, il suffit donc de multiplier 378 par 27 et d'ajouter cinq zéros au résultat.

Multiplication d'une somme par une somme.

37. Soit $9+4$ à multiplier par $7+5$. Il faut répéter le multiplicande $7+5$ fois, ce qui peut se faire en le répétant 7 fois, puis 5 fois, et ajoutant les résultats. Mais, pour multiplier une somme $9+4$, il suffit de multiplier chacune de ses parties (29); le produit demandé se compose donc de 7 fois 9, plus 7 fois 4, plus 5 fois 9, plus 5 fois 4, ce qui s'écrit ainsi

$$(9+4)\times(7+5)=9\times7+4\times7+9\times5+4\times5.$$

Ainsi donc, *pour multiplier une somme par une somme, il faut multiplier chacune des parties du multiplicande, par chacune des parties du multiplicateur et ajouter les résultats.*

Multiplication d'une différence par un nombre quelconque.

38. Soit la différence $17-4$ à multiplier par 5; cela revient (33) à multiplier 5 par $17-4$. Or, pour cela, il suffit de le répéter 17 fois, puis 4 fois, et de retrancher les résultats. On a donc

$$(17-4)\times5=17\times5-4\times5;$$

par conséquent, *pour multiplier une différence par un nombre quelconque, il suffit de multiplier ses deux termes par ce nombre.*

APPLICATION. Soit à multiplier 7997 par 8 on a

$$7997 = 8000 - 3.$$

Par conséquent

$$7997 \times 8 = (8000 - 3) \times 8 = 64000 - 24 = 63976.$$

Nombre des chiffres d'un produit.

39. THÉORÈME III. *Le nombre des chiffres d'un produit de deux facteurs est égal à la somme du nombre des chiffres du multiplicande et du nombre des chiffres du multiplicateur ou à cette somme diminuée d'une unité.*

Supposons, par exemple, que le multiplicateur ait six chiffres. Il est au moins égal à l'unité suivie de cinq zéros et moindre que l'unité suivie de six zéros. Le produit est donc au moins égal (29, 4°) au multiplicande suivi de cinq zéros et moindre que le multiplicande suivi de six zéros; il a, par conséquent, cinq chiffres au moins et six au plus, de plus que le multiplicande.

RÉSUMÉ.

27. Définition de la multiplication; ce qu'on entend par multiplicande, *multiplicateur*, *produit*, *facteur* d'un produit, *multiples* d'un nombre. — 28. Table de multiplication. — 29. Il résulte immédiatement des définitions, que si le multiplicande est une somme, il faudra, pour avoir le produit, multiplier toutes ses parties par le multiplicateur et ajouter les résultats, et si le multiplicateur est une somme, il faudra multiplier le multiplicande par ses différentes parties et ajouter les résultats. On démontre aussi que dans un produit de deux facteurs, on peut changer l'ordre des facteurs. — 30. A l'aide de ces trois principes, on aperçoit facilement le moyen de multiplier un nombre quelconque par un multiplicateur d'un seul chiffre. — 31. Puis, par un chiffre significatif suivi de plusieurs zéros. — 32. Puis, enfin, par un nombre quelconque. — 33. Définition d'un produit de plusieurs facteurs. — 34. Des carrés et puissances quelconques des nombres. — 35. Dans un produit d'un nombre quelconque de facteurs, on peut intervertir l'ordre des facteurs. On démontre d'abord cette proposition pour le cas de deux facteurs; puis, on prouve que, dans le cas où il y en a trois, on peut changer les deux derniers. Il en résulte immédiatement que l'on peut faire le même changement dans le cas d'un nombre quelconque de facteurs; puis, que l'on

peut intervertir deux facteurs consécutifs, et, enfin, par une série d'inversions de ce genre, amener les facteurs à se succéder dans tel ordre que l'on voudra. — **36.** Pour multiplier un nombre par un produit, il suffit de le multiplier successivement par les facteurs du produit. On en conclut, 1° que pour multiplier un produit par un nombre, il suffit de multiplier un de ses facteurs par ce nombre; 2° que pour multiplier deux produits, il suffit de former un produit unique avec les facteurs de chacun d'eux; 3° que l'on peut supprimer dans un produit un nombre quelconque de facteurs et les remplacer par leur produit effectué; 4° que pour multiplier deux puissances d'un même nombre, il suffit d'ajouter leurs exposants; 5° un moyen de simplifier la multiplication lorsque les facteurs du produit sont terminés par des zéros. — **37.** Multiplication d'une somme par une somme. — **38.** D'une différence par un nombre quelconque. — **39.** Théorème relatif au nombre des chiffres d'un produit.

EXERCICES.

I. La consommation moyenne annuelle par habitant, est en France de 167 litres de blé, 69 litres de vin, 21879 grammes de viande, 6525 grammes de sel et 3648 grammes de sucre. Déduire de ces chiffres la consommation totale, en supposant le nombre des habitants, de 34230178.

II. Si un nombre est terminé par 5, son carré est terminé par 25.

III. Si deux nombres ne sont terminés ni par 0 ni par 5, la différence de leurs quatrièmes puissances est terminée par un de ces deux chiffres.

IV. Pour trouver le produit de deux nombres, compris entre 5 et 10, on peut procéder de la manière suivante : Fermer dans la main gauche autant de doigts qu'il manque d'unités au multiplicande pour être égal à 10, et dans la main droite, autant qu'il en manque au multiplicateur; faire le produit de ces deux nombres de doigts, et lui ajouter autant de dizaines qu'il est resté de doigts non fermés.

V. Si l'on donne deux suites de nombres, qui en contiennent autant l'une que l'autre, dans quel ordre doit-on les disposer pour que la somme des produits obtenus, en multipliant les nombres correspondants, soit la plus grande possible?

VI. On prend un nombre quelconque de chiffres. On double

le premier, on ajoute 5 au résultat, et on multiplie la somme par 5; au produit ainsi obtenu, on ajoute le second chiffre, puis on multiplie par 10; on ajoute au produit le troisième chiffre, on multiplie encore par 10 et on ajoute le quatrième; ainsi de suite indéfiniment. Prouver que le résultat ainsi obtenu, diminué de 35 ou de 350 ou de 3500..., suivant le nombre des chiffres donnés, sera égal au nombre formé par ces chiffres, écrits dans l'ordre où on les avait placés.

VII. A———R———S———B on marque sur une ligne AB deux points R et S, et l'on mesure cette ligne et ses différentes parties, prouver que l'on aura toujours

$$(AB)\times(RS)+(AR)\times(BS)=(AS)\times(BR).$$

(AB), (RS), (AR), (BS), (AS), (BR), désignant les nombres, qui mesurent ces différentes lignes :

Exemple. $AB=100$, $AR=20$, $BS=10$, $RS=70$. $100\times 70+20\times 10=90\times 80$.

VIII. Le produit de la somme de deux nombres, par leur différence, est égal à la différence de leurs carrés.

IX. Déduire du théorème précédent, que, la somme de deux nombres étant donnée, leur produit est le plus grand possible quand ils sont égaux.

X. Le produit de deux nombres étant donné, s'ils sont égaux, leur somme est la plus petite possible; montrer l'identité de cette proposition avec la précédente.

XI. La somme des carrés de deux nombres est plus grande que le double de leur produit.

CHAPITRE IV.

DIVISION DES NOMBRES ENTIERS.

Définitions.

40. Le mot *division* signifie littéralement, partage en diverses parties. Dans le langage mathématique, diviser une grandeur par un nombre entier, c'est la partager en autant de parties égales qu'il y a d'unités dans ce nombre, et évaluer l'une des parties. En arithmétique, la grandeur à diviser est représentée par un nombre que, dans ce chapitre, nous supposerons entier; ce nombre se nomme *dividende;* celui qui exprime en combien de parties égales on le divise se nomme *diviseur,* et la valeur de l'une des parties s'appelle *quotient.* Le but de la division est de trouver le quotient quand on connaît le dividende et le diviseur.

41. Le dividende et le diviseur étant entiers, le quotient peut fort bien ne pas l'être. Nous nous bornerons en pareil cas à chercher le plus grand nombre entier qui y soit contenu, renvoyant son évaluation exacte à la théorie des fractions. On considère alors cette partie entière du quotient comme obtenue en divisant seulement une portion du dividende, et le *reste* est la partie non divisée. Par exemple, dans la division de 10 par 3, la partie entière du quotient, qui est 3, étant seulement le tiers de 9, le *reste* est une unité.

42. Remarque I. *Le reste d'une division est toujours moindre que le diviseur*, car, sans cela, en le divisant par ce diviseur, on obtiendrait au moins une unité nouvelle à ajouter au quotient. Ainsi, il ne serait pas conforme aux définitions précédentes de dire que 18 divisé par 5 donne pour quotient 2 et pour reste 8 unités. Car 5 de ces 8 unités, divisées par 5, donnent pour quotient une unité qu'il faut ajouter aux deux autres. On doit donc dire que le quotient est 3 et le reste 3.

43. Remarque II. Quand le reste d'une division est nul, on dit que le dividende est divisible par le diviseur. Il est alors égal au produit du diviseur par le quotient; dire, en effet, par exemple, que 42 divisé par 6 donne pour quotient 7, c'est dire, qu'il est égal à 6 fois 7, ou à 6×7. Il résulte de là, qu'un nombre, divisible par un autre, est un de ses multiples (**27**). Réciproquement, tous les multiples d'un nombre sont évidemment divisibles par ce nombre.

44. Remarque III. Le partage d'une grandeur en parties égales, n'est pas le seul genre de questions qui conduise à faire des divisions. Cette opération se présente aussi, lorsque, pour comparer deux grandeurs, on cherche combien de fois l'une contient l'autre; les deux grandeurs étant exprimées par des nombres, nous allons montrer que cette comparaison revient à la division des deux nombres.

Soient les nombres 46 et 7. Le quotient de leur division est 6 et le reste 4, c'est-à-dire que 46 contient une partie dont le septième est 6, et en outre, 4 unités. On a donc

$$46 = 6 \times 7 + 4$$

en changeant l'ordre des facteurs 6 et 7, cette égalité devient

$$46 = 7 \times 6 + 4$$

Par où l'on voit, que 46 contient six fois le diviseur 7, et en outre, 4 unités; en sorte qu'en cherchant combien de fois 46 contient 7, on trouvera le même nombre entier 6, qu'en prenant le septième de 46, et il restera la même partie du dividende, égale à 4 unités, dont la division ne peut s'effectuer en nombres entiers.

Cette remarque prouve que l'on peut considérer la division comme ayant pour but de chercher combien de fois le dividende contient le diviseur. Le *reste* est alors ce qui reste du dividende, quand on en a retranché le diviseur autant de fois que possible.

Il résulte de là, *que le produit du diviseur par le quotient est le plus grand multiple du diviseur qui soit contenu dans le dividende.*

Cas simples de la division.

45. Pour faire une division quelconque, il est utile de savoir résoudre la question suivante :

Trouver la partie entière du quotient d'une division lorsque cette partie entière n'a qu'un chiffre.

1° *Le diviseur n'a qu'un chiffre.*

La table de multiplication apprend, dans ce cas, quel est le plus grand multiple du diviseur que contienne le dividende et, par là (44), fait connaître le quotient.

Exemple. 77, divisé par 9, donne pour quotient 8, car le plus grand multiple de 9 contenu dans 77 est 72 ou, 9×8. Le reste est 5.

2° *Le diviseur est exprimé par un chiffre suivi de plusieurs zéros.*

La table de multiplication faisant connaître le produit de ce diviseur par les nombres d'un seul chiffre, on apercevra immédiatement quel est le plus grand de ces produits que contienne le dividende.

Exemple. Soit à diviser 37857 par 5000, 37857 est plus grand que 35000 et moindre que 40000, c'est-à-dire plus grand que 7 fois, et moindre que 8 fois le diviseur. La partie entière du quotient est donc 7; le reste est l'excès de 37857 sur 35000, c'est-à-dire 2857.

Dans l'exemple précédent, les mille seulement du dividende, déterminent la partie entière du quotient, car les multiples de 5000 étant des nombres entiers de fois mille, le plus grand de ces multiples qui soit contenu dans le dividende, ne dépend que du nombre de mille que celui-ci contient. On aurait donc pu, pour trouver la partie entière du quotient, diviser 37 par 5. En général, *quand le diviseur est exprimé par un chiffre suivi de plusieurs zéros, pour trouver la partie entière du quotient, on peut supprimer ces zéros ainsi qu'un nombre égal de chiffres du dividende.*

Exemple. Soit à diviser 783217415 par 90000000, la partie entière du quotient est la même que celle du quotient de 78 par 9, elle est, par conséquent, égale à 8.

3° *Le diviseur est un nombre quelconque.*

La seule inspection des deux nombres, apprendra si le quotient de leur division est réellement moindre que 10. Il est nécessaire et suffisant pour cela, qu'en écrivant un zéro à la suite du diviseur, on forme un nombre plus grand que le dividende.

On pourrait, pour trouver le quotient, multiplier le diviseur par les nombres 1, 2, 3, 4, etc..., et s'arrêter dès que deux produits comprendraient entre eux le dividende. Soit, par exemple, 117 à diviser par 23; en formant les produits, dont nous avons parlé, on verrait que 117 est compris entre 5 fois 23 ou 115 et 6 fois 23 ou 138, le quotient est donc compris entre 5 et 6, et sa partie entière est 5.

On abrége beaucoup ce procédé par la remarque suivante : le chiffre placé à la gauche du diviseur est celui qui a le plus d'influence sur sa valeur : si donc on remplace tous les autres par des zéros, on aura un quotient peu différent du véritable, et dont la partie entière ne pourra être moindre, car, en rendant le diviseur plus petit, on augmente évidemment le quotient. Quelques essais permettront de passer de la valeur approximative ainsi trouvée à la valeur exacte.

Exemple. Soit à diviser 4573214 par 782141; on divisera 4573214 par 700000. La partie entière du quotient est la même que celle de la division de 45 par 7 (45, 2°); elle est donc égale à 6, et la partie entière du quotient cherché ne peut pas être plus grande que 6. Pour essayer ce chiffre 6, on multipliera le diviseur 782141 par 6 : si le produit est moindre que le dividende, le quotient 6 est bon, sinon, il faudra le diminuer et l'essayer de nouveau. Le produit de 782141 par 6 étant 4692846, qui est plus grand que 4573214, le quotient est moindre que 6. On essayera donc 5; en le multipliant par le diviseur, on trouve pour produit 3910705, qui est moindre que 4573214, la partie entière du quotient cherché est par conséquent 5.

46. Remarque. En remplaçant tous les chiffres du diviseur, excepté le premier, par des zéros, on obtient une limite supérieure du quotient. On peut d'une manière analogue, obtenir une limite inférieure. Reprenons, en effet, l'exemple précédent. Au lieu de substituer 700000 au diviseur 782141, sub-

stituons-lui 800000, la partie entière du quotient de la division de 4573214 par 800000, est la même (45) que celle de la division de 45 par 8, elle est donc égale à 5; mais en substituant 800000 au diviseur, nous avons diminué le quotient, par conséquent sa partie entière ne peut avoir augmenté, et 5 est une limite inférieure de sa valeur.

Quelquefois la remarque précédente permet d'assigner exactement la partie entière du quotient. Soit par exemple 63789214, à diviser par 8754241; en substituant 8000000 au diviseur, la partie entière du quotient deviendra (45, 2°) la même que celle de la division de 63 par 8, qui est 7; la partie entière du quotient cherché ne peut donc surpasser 7. En substituant 900000 au diviseur, la partie entière du quotient deviendra la même que celle de la division de 63 par 9, c'est-à-dire encore égale à 7; la partie entière du quotient cherché ne peut donc être moindre que 7. Ne pouvant ni surpasser 7, ni être moindre que 7, elle est précisément 7.

Division de deux nombres entiers quelconques.

47. Théorème I. *Si l'on détache à la gauche du dividende le plus petit nombre de chiffres dont l'ensemble exprime un nombre au moins égal au diviseur, le premier chiffre du quotient exprime des unités de même ordre que le nombre formé par ces chiffres.*

Soit à diviser 8593214 par 247, le plus petit nombre au moins égal à 247, que l'on puisse détacher à la gauche du dividende, étant 859 qui exprime des dizaines de mille, il faut prouver que le premier chiffre du quotient exprime aussi des dizaines de mille.

1° 247 étant plus petit que 859, 2470000 est moindre que 8590000, et *a fortiori*, que 8593214. Le dividende contient donc plus de 10000 fois le diviseur, et le quotient (44) est plus grand que 10000.

2° 247 étant plus grand que 85, et le surpassant au moins d'une unité, 24700000 est plus grand que 8500000, et le surpasse au moins de 100000 unités, il est donc plus grand aussi que 8593214. Le dividende ne contient donc pas 100000 fois le diviseur, et le quotient (44) est moindre que 100000.

Le quotient étant plus grand que 10000, et moindre que 100000, son premier chiffre exprimera des dizaines de mille. C'est ce qu'il fallait démontrer.

48. THÉORÈME II. *Si l'on détache à la gauche du dividende le plus petit nombre de chiffres dont l'ensemble exprime un nombre au moins égal au diviseur, en divisant ce nombre par le diviseur on obtiendra le premier chiffre du quotient.*

Reprenons l'exemple précédent. Il faut prouver que le quotient de la division de 8593214 par 247 a pour premier chiffre le quotient de la division de 859 par 247. Désignons en effet, par x ce chiffre inconnu, qui représente (47), des dizaines de mille. Le quotient contenant x dizaines de mille, est compris entre $x \times 10000$ et $(x+1) \times 10000$; par suite, le dividende est compris entre 247 fois $x \times 10000$, et 247 fois $(x+1) \times 10000$, et le nombre de ses dizaines de mille ou 859, entre 247 fois x et 247 fois $(x+1)$; la 247e partie de 859 est donc comprise entre x et $x+1$, et sa partie entière est égale à x, comme nous voulions le faire voir.

En divisant 859 par 247 (45), on trouve pour quotient 3; le quotient cherché contient donc 3 dizaines de mille.

REMARQUE. Le nombre 859 que l'on détache à la droite du dividende, pour le diviser par le diviseur, se nomme un *dividende partiel*. Un dividende partiel est, d'après ce qui précède, au moins égal au diviseur. On voit aussi qu'il est moindre que dix fois le diviseur, car sans cela on aurait dû lui donner un chiffre de moins. Il résulte de là, qu'il a au moins autant de chiffres que le diviseur et au plus un chiffre de plus.

49. THÉORÈME. III. *Si l'on multiplie le diviseur par le nombre qu'exprime le premier chiffre du quotient, et que l'on retranche le produit du dividende, le reste, divisé par le diviseur, fournira l'ensemble des autres chiffres du quotient.*

Raisonnons toujours, sur l'exemple précédent. Il faut prouver qu'en multipliant 247 par 30000 et retranchant le produit de 8593214, le reste, divisé par 247, fournira l'ensemble des autres chiffres du quotient. Remarquons, en effet, que diviser 8593214 par 247 c'est en prendre le 247e, et que l'on peut évidemment, pour cela, le décomposer en plusieurs parties et prendre le 247e de chacune d'elles; or, 30000 étant le 247e de 30000×247, le quotient contient outre 30000, le 247e de l'excès du dividende sur ce produit 30000×247 ; c'est précisément ce qu'il fallait démontrer.

50. Remarque. Pour multiplier 247 par 30000, il suffit de le multiplier par 3 et d'écrire quatre zéros à la droite du produit ; la soustraction se fera donc en retranchant 247×3, des dizaines de mille du dividende et écrivant, à la suite du reste, les autres chiffres de ce dividende.

Pour retrancher du dividende partiel, le produit du diviseur par le chiffre trouvé au quotient, on se dispense, en général, d'écrire ce produit, on retranche ses différents chiffres au fur et à mesure qu'on les obtient.

51. Les théorèmes précédents permettent d'effectuer une division quelconque, car ils donnent le moyen de trouver le premier chiffre du quotient et ramènent la recherche de tous les autres à une division nouvelle. En les appliquant à cette seconde division, on trouvera un second chiffre du quotient, et on ramènera la recherche de tous les autres à une troisième division ; celle-ci fournira un troisième chiffre du quotient, etc. Nous sommes donc conduits à la règle suivante :

1° *On sépare à la gauche du dividende assez de chiffres pour que leur ensemble exprime un nombre au moins égal au diviseur; en divisant ce nombre par le diviseur, on obtient le premier chiffre du quotient, qui exprime des unités de même ordre que ce premier dividende partiel.*

Cette première partie de la règle, résulte des théorèmes I et II (47, 48).

2° *On calcule le reste de la division qui a fourni le premier chiffre du quotient, et on écrit à sa droite les autres chiffres du dividende, le nombre ainsi formé, étant divisé par le diviseur, fournira les autres chiffres du quotient.*

Cette seconde partie de la règle résulte du théorème III (49).

3° *En appliquant à cette nouvelle division les règles que nous venons d'énoncer, on obtiendra le premier chiffre du nouveau quotient qui est, en général, le second du quotient cherché, les autres seront fournis par une troisième division.*

Le chiffre fourni par cette nouvelle division ne sera le second, que s'il exprime des unités d'un ordre immédiatement inférieur au précédent ; si cela n'avait pas lieu, il faudrait placer entre eux un ou plusieurs zéros. Cette circonstance se présentera, lorsqu'après avoir retranché du dividende partiel, le produit du diviseur par le chiffre trouvé au quotient, il faudra adjoindre plus d'un chiffre nouveau à cette différence pour la rendre plus grande que le diviseur.

4° *On continuera ainsi jusqu'à ce qu'on obtienne un dividende moindre que le diviseur; ce dividende est le reste de l'opération.*

Car ce dividende, divisé par le diviseur ne donnerait pas une seule unité nouvelle à ajouter au quotient, ce sera donc le reste. Si le chiffre fourni par l'opération précédente n'exprimait pas des unités simples, il faudrait écrire à sa droite un ou plusieurs zéros pour lui faire acquérir la valeur qu'il doit avoir.

Manière de disposer l'opération.

52. On écrit le dividende et le diviseur sur une même ligne horizontale, on les sépare par une barre verticale, et on souligne le diviseur. Cela fait, on sépare par une virgule le premier dividende partiel et on inscrit, provisoirement, comme premier chiffre du quotient, le résultat approché, obtenu, comme il a été dit (45). On multiplie ce premier chiffre par le diviseur, et on retranche le produit du premier dividende partiel. Si cette soustraction n'est pas possible, on diminue le chiffre inscrit au quotient jusqu'à ce que son produit par le diviseur soit moindre que le dividende partiel; on fait alors la soustraction sans écrire le produit lui-même, en retranchant ses divers chiffres au fur et à mesure qu'on les obtient. A la suite du reste on écrit le premier des chiffres non encore employés du dividende; on forme ainsi un second dividende partiel qui, divisé par le diviseur, fournit le second chiffre du quotient. On continue de la même manière, jusqu'à ce qu'on obtienne un dividende partiel moindre que le diviseur et exprimant des unités simples.

Les calculs de la division de 8593214 par 247, se font de la manière suivante :

```
8593214 | 247
1183    |-----
 1952   | 34790
  2231
   084
```

On détache à la gauche du dividende le nombre 859 plus grand que le diviseur, et on le divise par 247. La règle (45) conduirait à essayer le chiffre 4, mais avec un peu d'habitude on reconnait qu'il est trop fort; on inscrit donc 3 au quotient. On multiplie 3 par 247 et on retranche le produit de 859, le reste est 118. A sa droite on écrit le premier des chiffres non employés du dividende, et on forme le dividende partiel 1183 qu'il faut diviser par 247. 11 divisé par 2, donnant pour quotient 5, on est conduit (45) à essayer le chiffre 5, mais le produit de 247 par 5 ne peut pas se retrancher de 1183; 5 est donc trop fort, et il faut essayer 4 (l'essai du nombre 5 n'a pas été fait sur le tableau de l'opération). En retranchant de 1183 le produit de 247 par 4, on trouve pour reste 195; à sa droite on écrit le premier des chiffres non employés du dividende et on forme le dividende partiel 1952, qu'il faut diviser par 247. 19 divisé par 2 donnant pour quotient 9, on est conduit (45) à essayer le chiffre 9, mais la moindre habitude du calcul fait voir qu'il est trop fort et qu'il en est de même de 8. On retranche donc de 1952 le produit de 247 par 7, le reste est 223; à sa droite on écrit le premier des chiffres non employés du dividende, et on forme le dividende partiel 2231 qu'il faut diviser par 247. En 22, 2 est contenu 11 fois; nous sommes donc conduits à mettre au quotient le chiffre 9, qui est bon, car son produit par 247 peut se retrancher de 761 et laisse pour reste 8. A la droite de ce reste, on écrit le chiffre non employé du dividende et on forme ainsi le dividende partiel 84 qui ne peut se diviser par 247, et est par conséquent le *reste* de l'opération; mais comme le dividende partiel précédent, 2231 représentait des dizaines, le chiffre 9, qu'il a fourni, exprime 9 dizaines, et il faut placer un zéro à sa droite.

Nombre des chiffres du quotient.

53. On connait, dès le début de l'opération (47), l'ordre des unités exprimées par le premier chiffre du quotient. Dans chaque cas on saura donc immédiatement combien le quotient doit avoir de chiffres, car si son premier chiffre exprime des dizaines, il aura évidemment deux chiffres, trois s'il exprime des

centaines, etc.; mais il existe en outre une règle générale qu'il est bon de connaître.

Le nombre des chiffres du quotient est la différence entre le nombre des chiffres du dividende et le nombre des chiffres du diviseur ou cette différence augmentée d'une unité.

Le premier chiffre du quotient représente, en effet, des unités de même ordre que le premier dividende partiel; tous deux sont donc suivis, l'un dans le dividende, l'autre dans le quotient d'un même nombre de chiffres.

Or, le premier dividende partiel peut avoir (48) autant de chiffres que le diviseur, ou un chiffre de plus. Dans le premier cas, le nombre des chiffres qui suivent le premier dividende partiel, et par suite, le nombre de ceux qui suivent le premier chiffre du quotient, est égal à la différence entre le nombre de chiffres du dividende, et le nombre de chiffres du diviseur, dans le second cas il lui est inférieur d'une unité. Le nombre total des chiffres du quotient, *y compris le premier*, est donc, dans le premier cas, supérieur d'une unité, et, dans le second, égal à cette différence : ce qui est précisément la proposition énoncée.

Preuve de la division.

54. *Pour faire la preuve d'une division, on multiplie le diviseur par le quotient et on ajoute le reste à ce produit; la somme doit être égale au dividende.*

Supposons en effet, qu'en divisant 7834 par 31 on ait trouvé 252 pour quotient et 22 pour reste, le dividende doit contenir (44) une partie dont le 31ᵉ est 252, et, en outre, un reste 22; on doit donc avoir

$$7834 = 252 \times 31 + 22$$

et c'est là la condition nécessaire et suffisante pour que l'opération soit exacte.

Remarque. A et B désignant des nombres quelconques, pour exprimer que le quotient de leur division est Q et le reste R, il suffit d'écrire :

$$A = B \times Q + R$$

et d'ajouter que R est moindre que B.

REMARQUE II. De même que la multiplication sert de preuve à la division, la division peut servir de preuve à la multiplication. Pour qu'une multiplication soit exacte, il faut, en effet, que le produit, divisé par le multiplicande, donne pour quotient le multiplicateur et pour reste zéro.

Théorèmes relatifs à la division.

55. THÉORÈME I. *Quand on multiplie le dividende et le diviseur d'une division par un même nombre, le quotient ne change pas, et le reste est multiplié par ce nombre.*

752 divisé par 13, donnant pour quotient 57, et pour reste 9, il faut prouver qu'en divisant 752×12 par 13×12, le quotient sera encore 57 et le reste, 9×12.

Le résultat de la première division nous apprend, en effet, que, 752 *unités*, contiennent 57 fois 13 *unités* et, en outre, 9 *unités* (44).

Le mot unité exprime ici une grandeur tout à fait arbitraire, qui peut être une collection de 12 objets ou une douzaine, et par conséquent, 752 *douzaines* contiennent 57 fois 13 *douzaines* et en outre 9 *douzaines*.

Or, cette dernière phrase, exprime que 12×752, divisé par 12×13, donne pour quotient 57, et un reste 12×9 évidemment moindre que le diviseur. C'est ce qu'il fallait démontrer. Le raisonnement est général et l'on pourrait substituer à 12 un multiplicateur quelconque.

56. THÉORÈME II. *Si un nombre divise exactement toutes les parties d'une somme, il divise aussi la somme.*

La somme étant en effet composée de parties égales chacune à un nombre entier de fois le diviseur, le contiendra, elle-même, un nombre entier de fois, car la somme de plusieurs nombres entiers est un nombre entier.

57. THÉORÈME III. *Tout nombre qui en divise un autre divise les multiples.*

Car les multiples d'un nombre pouvant s'obtenir en l'ajoutant à lui-même un certain nombre de fois, il est clair que ses diviseurs divisent toutes les parties des sommes ainsi formées et, par suite (55), les sommes elles-mêmes.

58. Théorème IV. *Tout nombre qui en divise exactement deux autres, divise aussi leur différence.*

Les deux termes de cette différence contenant, en effet, un nombre entier de fois le diviseur, la différence le contiendra, elle-même, un nombre entier de fois, car la différence de deux nombres entiers est un nombre entier.

59. Théorème V. *Tout nombre qui divise exactement une somme et une de ses parties, divise aussi l'autre partie.*

Ce théorème ne diffère du précédent que par la forme de l'énoncé, car la seconde partie de la somme peut être considérée comme la différence entre la somme entière et l'autre partie.

60. Théorème VI. *Si deux nombres divisés par un troisième donnent des restes égaux, leur différence est divisible par ce troisième, et réciproquement, si la différence de deux nombres est divisible par un troisième, ces deux nombres divisés par le troisième donneront des restes égaux.*

Si, en effet, on retranche des deux nombres ces restes, qui, par supposition, sont égaux, leur différence ne changera pas; or, après cette soustraction, ils sont l'un et l'autre divisibles par le diviseur considéré, et, par suite (58), leur différence l'est aussi.

Réciproquement; si la différence de deux nombres A et B, est divisible par un troisième nombre D, A et B divisés par D donnent des restes égaux.

En effet, d'après la supposition :

$$A - B = \text{un multiple de } D$$

par suite :

$$A = \text{un multiple de } D + B$$

et il est évident qu'en divisant A par D, le reste proviendra seulement de la division de B, car le multiple de D donne exactement un quotient entier.

RÉSUMÉ.

40. Définition de la division, du dividende, du diviseur, du quotient. — 41. Définition du reste. — 42. Le reste est toujours moindre que le diviseur. — 43. Quand le reste est nul, on dit que la division se fait exactement. — 44. Autre point de vue sous lequel on peut considérer la division. On prouve qu'il conduit au même résultat. — 45. Division de deux nombres entiers, en supposant que le quotient n'ait qu'un chiffre. 1° Cas où le diviseur n'a qu'un chiffre. 2° Cas où il est égal à un chiffre significatif suivi de plusieurs zéros. 3° Cas où les deux nombres sont quelconques; on n'a pas, dans ce troisième cas, de règle qui puisse conduire sans tâtonnements au résultat; on se borne à substituer des zéros aux chiffres du diviseur qui suivent le premier et on obtient ainsi un quotient approché qui ne peut être trop petit; on cherche sa valeur exacte par une suite d'essais. — 46. Moyen d'obtenir une limite supérieure de la partie entière du quotient. Cas où cette limite coïncide avec la limite inférieure. — 47. Division de deux nombres entiers quelconques. Si on détache à gauche du dividende le nombre de chiffres nécessaire pour exprimer un nombre plus grand que le diviseur, le dernier de ces chiffres exprime des unités du même ordre que le premier chiffre du quotient. — 48. En divisant le nombre ainsi détaché par le diviseur, on obtient exactement le premier chiffre du quotient. — 49. En multipliant le diviseur par le nombre qu'exprime le premier chiffre du quotient et retranchant le produit du dividende, on obtient un reste qui, divisé par le diviseur, fournit l'ensemble des autres chiffres du quotient. — 50. Moyen abrégé de former ce reste. — 51. Les théorèmes précédents permettent d'énoncer immédiatement la règle générale de la division. — 52. Développements sur la manière de disposer l'opération. — 53. Théorème relatif au nombre des chiffres du quotient. — 54. Preuve de la division. — 55. Quand on multiplie le dividende et le diviseur par un même nombre, le quotient ne change pas et le reste est multiplié par ce nombre. — 56. Si un nombre divise exactement toutes les parties d'une somme, il divise la somme. — 57. Tout nombre qui en divise un autre divise les multiples. — 58. Tout nombre qui en divise deux autres divise leur différence. — 59. Tout nombre qui divise une somme et l'une des parties divise l'autre partie. — 60. Si deux nombres divisés par un troisième donnent des restes égaux, leur différence est divisible par ce troisième et réciproquement.

EXERCICES.

I. La consommation annuelle est en France de 5716439726 litres de blé, 2361882282 litres de vin, 749120964462 grammes de viande, 223351911450 grammes de sel, et 124871689344 grammes de sucre. Calculer la consommation moyenne par habitant, en supposant le nombre des habitants égal à 34230178. Comparer cet exercice au premier de ceux qui sont relatifs à la multiplication, et montrer que la division est l'opération *inverse* de la multiplication.

II. Si un nombre est exactement divisible par 9, pour trouver le quotient de la division, on peut procéder de la manière suivante :

$$\begin{array}{r} 56940 \\ 51246 \\ \hline 5694 \end{array}$$

Soit le nombre 51246, écrivez un zéro au-dessus du chiffre des unités, retranchez le dividende d'un nombre, qui ayant ce zéro pour dernier chiffre, aurait, pour les autres chiffres, ceux que fournit la soustraction elle-même ; ainsi, dites : 6 de 10 reste 4, 4 est le chiffre des dizaines du nombre supérieur, 4 et 1 font 5, 5 de 14 reste 9, 9 est le chiffre des centaines du nombre supérieur. 2 et 1 font 3, 3 de 9 restent 6 ; 6 est le chiffre des mille du nombre supérieur. 1 de 6 reste 5, 5 est le chiffre des dizaines de mille du nombre supérieur, 5 de 5 reste 0 ; le quotient cherché est 5694.

III. Si un nombre est exactement divisible par 11, on peut faire la division d'une manière analogue. Soit le nombre 345785 à diviser par 11,

$$\begin{array}{r} 345785 \\ 314350 \\ \hline 31435 \end{array}$$

écrivez un zéro au-dessous du chiffre des unités, et retranchez du dividende un nombre dont le zéro est le dernier chiffre, et dont les autres chiffres sont fournis par la soustraction elle-même.

IV. Si un nombre est exactement divisible par 99, on peut procéder de la manière suivante pour obtenir le quotient. Soit 565229 à diviser par 99 :

$$\begin{array}{r} 57100 \\ \underline{56529} \\ 571 \end{array}$$

écrivez deux zéros au-dessus des deux derniers chiffres du dividende et retrancher le dividende d'un nombre qui, ayant ces deux zéros pour ses deux derniers chiffres a pour ses autres chiffres ceux que fournit la soustraction elle-même.

V. Si on divise un nombre par le produit de plusieurs autres, le quotient est le même qu'en le divisant successivement par chacun d'eux. Prouver ce théorème : 1° quand les divisions se font exactement ; 2° quand elles ne réussissent pas et qu'on se borne à prendre les parties entières des différents quotients. Par exemple, en divisant un nombre par 35, on aura la même partie entière au quotient que si on le divisait par 5, et la partie entière du résultat par 7.

CHAPITRE V.

CONDITIONS DE DIVISIBILITÉ.

PREUVES PAR 9 ET PAR 11.

CONDITIONS DE DIVISIBILITÉ.

Conditions de divisibilité par 2, 5, 4, 25 et 8.

61. On n'altère pas le reste d'une division en retranchant du dividende, un nombre divisible par le diviseur (60). Ce principe permet de calculer facilement le reste d'une division, lorsque le diviseur est l'un des nombres 2, 5, 4, 25, 8, 125.

1° *Le reste d'une division par 2 ou par 5, s'obtient en divisant par 2 ou par 5, le chiffre des unités du dividende.*

Soit le nombre 78917; il se compose de 7891 dizaines et de 7 unités. 10 étant égal à 2×5 est divisible par ces deux nombres. Il en est par conséquent de même, de son multiple 7891 dizaines; en vertu du principe que nous venons de rappeler, cette partie du dividende est donc sans influence sur le reste. En la supprimant il reste 7, qui, divisé par 2 ou 5, donnera le même reste que le nombre proposé. Il résulte de là, que 78917 divisé par 2, donne pour reste 1, et divisé par 5, donne pour reste 2.

Remarque. Pour qu'un nombre soit divisible par 2 ou par 5, il faut que le reste de la division soit 0, et par conséquent, que le chiffre des unités soit divisible par 2 ou par 5.

Les seuls chiffres divisibles par 5, étant 0 et 5, pour qu'un nombre soit divisible par 5, il faut et il suffit, qu'il soit terminé par un 0, ou par un 5.

2° *Le reste d'une division par 4 ou par 25, s'obtient en divisant par 4 ou par 25, le nombre exprimé par les deux derniers chiffres du dividende.*

Soit le nombre 78917; il se compose de 789 centaines et de

17 unités. 100 étant égal à 4×25 est divisible par ces deux nombres, il en est par conséquent de même de son multiple 789 centaines; en vertu du principe que nous avons rappelé, cette partie du dividende est donc sans influence sur le reste; en la supprimant, il reste 17 qui, divisé par 4 ou 25, donnera le même reste que le nombre proposé. 17 divisé par 4 donne pour reste 1, et divisé par 25, il donne pour reste 17; 78917 divisé par 4 et 25, donne donc pour restes 1 et 17.

Remarque. Pour qu'un nombre soit divisible par 4 ou 25, il faut que le reste de la division soit 0, et par conséquent que les deux derniers chiffres expriment un nombre divisible par 4 ou 25.

Les seuls nombres de deux chiffres divisibles par 25 étant 00, 25, 50 et 75; pour qu'un nombre soit divisible par 25, il faut et il suffit, qu'il soit terminé par 00, 25, 50 ou 75.

3° *Le reste d'une division par* 8 *ou* 125, *s'obtient en divisant par* 8 *ou* 125, *le nombre exprimé par les trois derniers chiffres.*

La démonstration se fera absolument comme les deux précédentes, si on remarque que 1000 étant égal à 8×125, tout multiple de 1000 est divisible par 8 et par 125, et n'a par conséquent, aucune influence sur le reste de la division par ces deux nombres.

On verra, comme dans les cas précédents, que la condition nécessaire et suffisante, pour qu'un nombre soit divisible par 8, est que l'ensemble des trois derniers chiffres exprime un nombre divisible par 8.

Remarque. Les démonstrations précédentes sont fondées, sur ce que, 10 est divisible par 2 et 5; 100 par 4 et 25; 1000 par 8 et 125. On peut admettre ces vérités comme des faits faciles à constater, mais on peut aussi les rattacher les unes aux autres; on a en effet:

$$10=2\times 5.$$

$$100=10\times 10=(2\times 5)\times(2\times 5)=2\times 5\times 2\times 5=2^2\times 5^2$$
$$=4\times 25.$$

$$1000=10\times 10\times 10=(2\times 5)\times(2\times 5)\times(2\times 5)$$
$$=2\times 5\times 2\times 5\times 2\times 5\times =2^3\times 5^3=8\times 125.$$

Condition de divisibilité par 9.

62. Avant d'énoncer les conditions de divisibilité par 9, nous établirons quelques propositions préliminaires.

1° *L'unité suivie d'un ou plusieurs zéros exprime un nombre égal à un multiple de 9 augmenté d'une unité :* on a, en effet

$$10=9+1$$
$$100=99+1$$
$$1000=999+1$$
$$10000=9999+1.$$

Ces égalités prouvent la proposition énoncée, car 9 étant égal à 1 fois 9, 99 à 11 fois 9, 999 à 111 fois 9, etc., ces nombres sont des multiples de 9.

2° *Un chiffre, suivi d'un ou plusieurs zéros, exprime un nombre égal à un multiple de 9, augmenté de la valeur de ce chiffre.*

Soit, par exemple, 70000, nous venons de prouver que

$$10000=\text{un multiple de } 9+1.$$

70000, est égal à 7 fois 10000. Or, on répète une somme 7 fois en multipliant chacune de ses parties par 7, par conséquent

$$70000=(\text{un multiple de } 9)\times 7+7,$$

un multiple de 9, multiplié par 7, donnant pour produit un nouveau multiple de 9, nous pouvons écrire

$$70000=\text{un multiple de } 9+7,$$

c'est ce qu'il fallait démontrer.

3° *Tout nombre est égal à un multiple de 9, augmenté de la somme de ses chiffres.*

Soit, par exemple, 72385. Ce nombre est composé de cinq parties, 70000, 2000, 300, 80 et 5, or, d'après la proposition précédente,

$$70000=\text{un multiple de } 9+7$$
$$2000=\text{un multiple de } 9+2$$
$$300=\text{un multiple de } 9+3$$
$$80=\text{un multiple de } 9+8$$
$$5=\ldots\ldots\ldots\ldots 5;$$

on conclut de là, en ajoutant et remarquant que la somme de plusieurs multiples de 9, est un multiple de 9 :

$$72385 = \text{un multiple de } 9 + 7 + 2 + 3 + 8 + 5,$$

c'est qu'il fallait démontrer.

Nous pouvons maintenant démontrer la proposition suivante.

63. *Pour qu'un nombre soit divisible par* 9, *il faut et il suffit que la somme de ses chiffres soit divisible par* 9.

Tout nombre entier est égal, en effet (62), à un multiple de 9, augmenté de la somme de ses chiffres; si donc la somme des chiffres est un multiple de 9, le nombre étant composé de deux parties divisibles par 9, est divisible par 9 (56). Réciproquement, pour que le nombre soit divisible par 9, il faut que la somme des chiffres le soit, car autrement, en l'ajoutant à un multiple de 9, le résultat (59) ne pourrait être divisible par 9.

Reste de la division d'un nombre par 9.

64. *Un nombre divisé par* 9, *donne le même reste que la somme de ses chiffres.*

Tout nombre entier étant égal, en effet (62), à un multiple de 9, augmenté de la somme de ses chiffres, et le multiple de 9, se divisant exactement par 9, le reste ne pourra provenir que de la somme des chiffres.

EXEMPLE. Soit à diviser 73214 par 9, la somme des chiffres est 17; 17 divisé par 9, donne pour reste 8, l'opération ne réussira donc pas, et laissera 8 pour reste.

Condition de divisibilité par 3.

65. *Pour qu'un nombre soit divisible par* 3, *il faut et il suffit que la somme de ses chiffres soit divisible par* 3.

Tout multiple de 9, est, en effet, un multiple de 3. Par conséquent (62), un nombre quelconque, est égal à un multiple de 3, augmenté de la somme de ses chiffres. Partant de là, on démontrera le théorème énoncé, comme le théorème analogue relatif au diviseur 9. On verra aussi, qu'un nombre divisé par 3, donne le même reste que la somme de ses chiffres.

Condition de divisibilité par 11.

66. Avant d'énoncer cette condition, nous établirons quelques propositions préliminaires, sur lesquelles sa démonstration repose.

1° *L'unité suivie d'un nombre impair de zéros exprime un nombre égal à un multiple de* 11 *diminué d'une unité; et l'unité suivie d'un nombre pair de zéros exprime un nombre égal à un multiple de* 11 *augmenté d'une unité.*

On a évidemment

$$10 = 11 - 1.$$

Si on multiplie par 10 ces deux nombres égaux, les produits seront égaux ; par conséquent (38)

$$100 = 11 \times 10 - 10.$$

Ce qui peut s'écrire

$$100 = 11 \times 10 - 11 + 1.$$

Cette dernière égalité, exprime que cent est un multiple de 11, $(11 \times 10 - 11)$, augmenté d'une unité, nous pouvons donc écrire

$$100 = \text{un multiple de } 11 + 1.$$

Si on multiplie par 10 ces deux nombres égaux, les produits seront égaux, et par conséquent,

$$1000 = (\text{un multiple de } 11) \times 10 + 10:$$

Ce qui peut s'écrire

$$1000 = \text{un multiple de } 11 + 11 - 1.$$

Car, un multiple de 11, multiplié par 10, donne pour produit un nouveau multiple de 11, et, pour ajouter 10, on peut ajouter 11 et retrancher 1. Or, un multiple de 11, augmenté de 11, donne pour somme un multiple de 11 ; on peut donc écrire

$$1000 = \text{un multiple de } 11 - 1.$$

En raisonnant de la même manière, on trouvera successivement

$$10000 = \text{un multiple de } 11 + 1$$
$$100000 = \text{un multiple de } 11 - 1$$
$$1000000 = \text{un multiple de } 11 + 1,$$

ce qui démontre la proposition énoncée.

2° *Un chiffre, suivi d'un nombre impair de zéros, est égal à un multiple de* 11, *diminué de la valeur de ce chiffre; et un chiffre suivi d'un nombre pair de zéros est égal à un multiple de* 11, *augmenté de la valeur de ce chiffre.*

Soit, par exemple, 7000, on a, d'après la proposition précédente,

$$1000 = \text{un multiple de } 11 - 1.$$

On en conclut (20)

$$7000 = (\text{un multiple de } 11) \times 7 - 7.$$

Le produit d'un multiple de 11 par 7 étant un multiple de 11, on peut écrire,

$$7000 = \text{un multiple de } 11 - 7;$$

ce qu'il fallait démontrer.

La démonstration serait la même dans le cas d'un chiffre suivi d'un nombre pair de zéros.

3° *Un nombre quelconque est égal à un multiple de* 11, *augmenté de la somme des chiffres de rang impair à partir de la droite, et diminué de la somme des chiffres de rang pair.*

Soit, par exemple, 82145. Ce nombre est composé de cinq parties: 80000, 2000, 100, 40 et 5; or, d'après la proposition précédente, on a :

$$80000 = \text{un multiple de } 11 + 8$$
$$2000 = \text{un multiple de } 11 - 2$$
$$100 = \text{un multiple de } 11 + 1$$
$$40 = \text{un multiple de } 11 - 4$$
$$5 = 5.$$

En écrivant que la somme des premiers membres est égale à celle des seconds, et remarquant, que la somme de plusieurs multiples de 11 est un multiple de 11, nous obtiendrons l'égalité suivante :

$$82145 = \text{un multiple de } 11 + 5 - 4 + 1 - 2 + 8.$$

Ce qui démontre le théorème énoncé.

67. Remarque. Quand les chiffres de rang impair ont une somme plus grande que ceux de rang pair, on peut dire : *un nombre entier est égal à un multiple de 11, augmenté de l'excès de la somme des chiffres de rang impair sur la somme des chiffres de rang pair.* Quand, au contraire, la somme des chiffres de rang pair est la plus grande, on peut dire : *un nombre entier est égal à un multiple de 11, diminué de l'excès de la somme des chiffres de rang pair sur celle des chiffres de rang impair.*

68. *Pour qu'un nombre entier soit divisible par 11, il faut et il suffit, que la différence entre la somme des chiffres de rang impair, à partir de la droite, et celle des chiffres de rang pair, soit nulle ou divisible par 11.*

En effet, un nombre entier quelconque est égal (67) à un multiple de 11, augmenté ou diminué de la différence de ces deux sommes. Si donc cette différence est nulle ou égale à un multiple de 11, le nombre sera divisible par 11. Réciproquement, pour qu'un nombre soit divisible par 11, il faut que cette différence le soit elle-même, sans quoi en l'ajoutant ou la retranchant d'un multiple de 11, le résultat ne pourrait être divisible par 11.

Preuves par 9 et par 11 de la multiplication.

69. La recherche du reste d'une division par 11 peut présenter deux cas :

1° Si la somme de ses chiffres de rang impair surpasse celle des chiffres de rang pair, le dividende est égal (67) à un multiple de 11 augmenté de la différence de ces deux sommes ; lors donc qu'on le divisera par 11, le multiple de 11 donnant un quotient entier, le reste, s'il y en a un, ne proviendra que de cette différence. Ainsi donc, *quand la somme des chiffres de rang impair surpasse celle des chiffres de rang pair, le reste de la di-*

vision par 11 *est égal au reste obtenu en divisant par* 11 *la différence de ces deux sommes.*

EXEMPLE : 75246 divisé par 11 donne pour reste 6.

2° Si la somme des chiffres de rang impair est moindre que celle des chiffres de rang pair, le dividende est égal (67) à un multiple de 11 diminué de la différence de ces deux sommes. Soit, par exemple, le dividende 45829, on a :

$$45829 = (\text{un multiple de } 11) - 14.$$

Pour retrancher 14, on peut d'abord retrancher 11, ce qui laissera évidemment pour reste un multiple de 11, dont on devra encore soustraire trois unités; on peut donc écrire :

$$45829 = \text{un multiple de } 11 - 3;$$

mais en détachant 11 unités, du multiple de 11 indiqué dans le second membre, il restera encore un multiple de 11; nous pouvons donc écrire :

$45829 = \text{un multiple de } 11 + 11 - 3 = \text{un multiple de } 11 + 8.$
D'où l'on conclut, que le reste de la division de 45829 par 11, est 8. Le raisonnement est général, il conduit à la règle suivante :

Lorsque la somme des chiffres de rang impair à partir de la droite, est moindre que celle des chiffres de rang pair, on cherche la différence de ces deux sommes et on en retranche 11 *autant de fois que possible; l'excès de* 11 *sur le reste ainsi obtenu, est le reste cherché.*

Preuves par 9 et par 11 de la multiplication.

70. Les preuves de la multiplication auxquelles on a donné le nom de preuve par 9 et preuve par 11, sont fondées sur le théorème suivant :

THÉORÈME. *Si on divise deux nombres par un troisième, le produit des restes, divisé par le diviseur, donnera le même reste que le produit des deux nombres donnés.*

Désignons les deux nombres donnés par des lettres A et B; soit D le diviseur, et R, R', les restes, nous aurons :

$$A = \text{un multiple de } D + R$$
$$B = \text{un multiple de } D + R'.$$

Pour multiplier A par B, il faut multiplier les deux sommes qui leur sont égales, et, pour cela (37), multiplier les deux parties de la première par les deux parties de la seconde, ce qui fera quatre produits partiels; on aura ainsi :

$$A \times B = (\text{un multiple de } D) \times (\text{un multiple de } D) + R \times (\text{un multiple de } D) + R' \times (\text{un multiple de } D) + R \times R'.$$

Or, dans le second membre, les trois premiers produits sont évidemment des multiples de D; leur somme en est donc un aussi, et nous pourrons écrire :

$$A \times B = \text{un multiple de } D + R \times R'.$$

Si donc nous divisons $A \times B$ par D, le multiple de D se divisant exactement, le reste ne proviendra que du produit $R \times R'$. C'est ce qu'il fallait démontrer.

71. Pour faire la preuve par 9 d'une multiplication, on cherche les restes de la division par 9 du multiplicande et du multiplicateur; le produit, de ces restes, divisé par 9, doit laisser le même reste que le produit des deux nombres donnés (**70**). Si cette vérification ne réussit pas, l'opération est inexacte, mais le contraire n'est pas toujours vrai.

72. Pour faire la preuve par 11 d'une multiplication, on cherche les restes de la division par 11 du multiplicande et du multiplicateur; le produit, de ces restes divisé par 11, doit donner le même reste que le produit des deux nombres donnés (**70**). Si cette vérification ne réussit pas l'opération est inexacte, mais le contraire n'est pas toujours vrai.

Exemple. Supposons qu'en multipliant 723 par 87, on ait trouvé pour produit 62901; 723 et 87, laissent pour restes de leur division par 9, 3 et 6; leur produit doit donc laisser le même reste que 3×6 ou 18; c'est-à-dire qu'il doit être divisible par 9. Le nombre 62901 satisfait à cette condition, car la somme de ses chiffres est 18. 723 et 87, divisés par 11, laissent pour restes 8 et 10; leur produit doit donc laisser le même reste que 80. 80 et 62901, laissent, en effet, l'un et l'autre 3, pour reste de leur division par 11. Les deux preuves réussissent donc. Malgré cette double vérification, on ne peut pas affirmer que le résultat soit exact.

73. Remarque I. Quand la preuve par 9 d'une multiplication réussit, il faut en conclure seulement, que l'erreur, s'il y en a une, est un multiple de 9. De même, la réussite de la preuve par 11, prouve seulement que l'erreur, s'il y en a une, est un multiple de 11. Pour que les deux preuves réussissent, quand l'opération n'est pas exacte, il suffirait que l'erreur fût à la fois un multiple de 11 et un multiple de 9.

74. Remarque II. Dans la théorie des preuves par 9 et par 11, les valeurs particulières de ces nombres sont sans influence sur les raisonnements. On pourrait leur substituer d'autres diviseurs, les conclusions resteraient les mêmes. La seule raison qui porte à adopter 9 ou 11, est la facilité avec laquelle s'obtiennent les restes des divisions par ces nombres. Les diviseurs 2, 3, 4, 5, 8, 10, 25, donnent aussi, il est vrai, des restes faciles à calculer; mais la preuve par ces différents nombres, ne donnerait aux résultats qu'une bien faible garantie d'exactitude.

Le reste d'une division par 2, 5, 10, 4, 25 et 8 ne dépendant que du premier, des deux premiers ou des trois premiers chiffres à droite, la preuve par un de ces nombres, ne ferait porter la vérification que sur ces seuls chiffres.

La preuve par 3 apprendrait seulement que l'erreur, s'il y en a une, est un multiple de 3, et comme sur 3 nombres consécutifs, l'un est divisible par 3, le hasard la ferait souvent réussir pour des opérations inexactes. Ajoutons, qu'après avoir fait la preuve par 9, la preuve par 3, n'apprendrait rien de nouveau, car quand l'erreur est un multiple de 9, elle est aussi, un multiple de 3.

RÉSUMÉ.

61. Condition de divisibilité et reste de la division par 2. — Par 5. — Par 4. — Par 25. — Par 8. — Les conditions précédentes sont fondées sur ce que 10 est divisible par 2 et 5; 100 par 4 et 25; 1000 par 8 et 125. On peut démontrer *a priori* qu'il en est ainsi.

— 62. La condition de divisibilité par 9 résulte de trois propositions préliminaires : 1° l'unité suivie d'un ou plusieurs zéros exprime un nombre égal à un multiple de 9 augmenté d'une unité; 2° un chiffre suivi d'un ou plusieurs zéros exprime un nombre égal à un multiple de 9 augmenté de ce chiffre ; 3° un nombre quelconque est égal à un multiple de 9 augmenté de la somme de ses chiffres. — 63. On conclut de là que, pour qu'un nombre soit divisible par 9, il faut et il suffit que la somme de ses chiffres le soit elle-même. — 64. Un nombre divisé par 9 donne le même reste que la somme de ses chiffres. — 65. Condition de divisibilité par 3. — 66. La condition de divisibilité par 11 résulte de trois propositions préliminaires : 1° l'unité suivie d'un ou plusieurs zéros exprime un nombre égal à un multiple de 11 augmenté ou diminué d'une unité, suivant que le nombre des zéros est pair ou impair ; 2° un chiffre suivi d'un ou plusieurs zéros exprime un nombre égal à un multiple de 11 augmenté ou diminué de la valeur de ce chiffre, suivant que le nombre des zéros est pair ou impair ; 3° un nombre quelconque est égal à un multiple de 11 augmenté de la somme des chiffres de rang impair, à partir de la droite, et diminué de la somme des chiffres de rang pair. — 67. Remarque sur les deux manières dont on peut énoncer la proposition, suivant que la somme des chiffres de rang pair est plus grande ou plus petite que la somme des chiffres de rang impair. — 68. Pour qu'un nombre soit divisible par 11 il faut que la différence entre la somme des chiffres de rang impair et la somme des chiffres de rang pair soit divisible par 11. — 69. Reste de la division d'un nombre par 11 ; 1° dans le cas où la somme des chiffres de rang impair surpasse la somme des chiffres de rang pair ; 2° dans le cas où la somme des chiffres de rang pair est la plus grande. — 70. Théorème sur lequel reposent les preuves par 9 et par 11. — 71. Preuve par 9 de la multiplication. — 72. Preuve par 11. — 73. Quand les preuves par 9 et par 11 ont réussi, on ne peut pas en conclure que l'opération soit exacte. — 74. Remarque sur les raisons qui font choisir les diviseurs 9 et 11 pour faire la preuve de la multiplication.

EXERCICES.

I. Un nombre est divisible par 6, si le chiffre des unités ajouté à quatre fois la somme de tous les autres, donne une somme divisible par 6.

II. Un nombre est divisible par 4, si le chiffre des unités ajouté au double du chiffre des dizaines, donne une somme divisible par 4.

III. Un nombre est divisible par 8, si le chiffre des unités ajouté au double du chiffre des dizaines, et à quatre fois celui des centaines donne une somme divisible par 8.

IV. Un nombre est divisible par 99, si, en le séparant en tranches de deux chiffres à partir de la droite, la somme des tranches est divisible par 99. La même règle s'applique aux diviseurs 9 et 11.

V. Si on fait le produit d'un nombre quelconque de facteurs, le reste de la division par 9 ou par 11 sera le même que le reste obtenu en divisant par 9 ou par 11, le produit des restes correspondant aux différents facteurs.

VI. La somme des carrés de deux nombres entiers, ne peut être divisible par 7, que si ces nombres sont eux-mêmes divisibles par 7.

VII. Si on multiplie deux nombres entiers consécutifs, le produit est toujours pair; en prenant la moitié de ce produit, on aura un quotient qui, divisé par 3, ne pourra jamais donner pour reste 2.

VIII. a et b étant deux nombres non divisibles par 3, a^6-b^6 est divisible par 9.

IX. Pour diviser par 9 un nombre dont les chiffres sont, $abcde$, on peut procéder de la manière suivante: on fait la somme des chiffres $a+b+c+d+e$, et on la divise par 9; soit q le quotient, et r le reste; r sera, comme on sait, le reste de la division proposée. Le quotient de cette division s'obtiendra en ajoutant q à la somme des nombres suivants, $a+ab+abc+abcd$. Par exemple, pour diviser 75234 par 9, on fera la somme des chiffres, 21, qui, divisée par 9, donne pour quotient 2, et le quotient sera $2+7+75+752+7523$, c'est-à-dire 8359.

X. Si le carré d'un nombre diminué de 13 est divisible par 9, ce nombre divisé par 9 laisse pour reste 2 ou 7. La réciproque est vraie.

XI. Deux nombres quelconques a et b, divisés par leur différence $a-b$ laissent des restes égaux; on en conclura que a^m et b^m divisés par $a-b$ donnent aussi le même reste, et que, par suite, a^m-b^m est divisible par $a-b$, quel que soit le nombre entier m.

CHAPITRE VI.

DIVISEURS COMMUNS DES NOMBRES ENTIERS.

Définitions.

75. Un nombre qui en divise exactement plusieurs autres s'appelle leur *diviseur commun*. Il est souvent utile de connaître les diviseurs communs à plusieurs nombres et notamment, le plus grand d'entre eux, que l'on nomme leur *plus grand commun diviseur.*

Dans ce chapitre, il ne sera question que des nombres entiers et de leurs diviseurs entiers; les développements relatifs à la généralisation de cette théorie trouveront leur place après l'étude des fractions.

Théorèmes sur lesquels repose la recherche du plus grand commun diviseur.

76. Théorème I. *Si deux nombres sont divisibles l'un par l'autre, le plus petit des deux est leur plus grand commun diviseur.*

Soient les nombres 42 et 6, qui sont divisibles l'un par l'autre, 6 est un de leurs diviseurs communs, les autres diviseurs communs devant diviser 6, lui sont tous inférieurs; 6 est donc le plus grand commun diviseur.

77. Théorème II. *Si deux nombres ne sont pas divisibles l'un par l'autre, ils ont le même plus grand commun diviseur que le plus petit d'entre eux et le reste de leur division.*

Soient les nombres 7524 et 918. En les divisant l'un par l'autre, on trouve 8 pour quotient et pour reste 180, en sorte que,

$$7524 = 918 \times 8 + 180.$$

Il résulte de cette égalité :

1° Que les diviseurs communs à 7524 et 918 divisent tous 180. Car ces nombres divisant 918, divisent son multiple 918 × 8, ils divisent donc une somme 7524, et l'une de ses parties 918×8, et par suite l'autre partie, qui est 180 (50).

2° Que les diviseurs communs à 180 et 918 divisent tous 7524. Car ces nombres divisant 918, divisent son multiple 918×8, ils divisent donc les deux parties d'une somme 918×8 et 180, et, par suite (50), cette somme elle-même, qui est 7524.

Ainsi donc :

Tous les diviseurs communs à 7524 et 918 divisent 180, et par suite 180 et 918.

Tous les diviseurs communs à 180 et 918 divisent 7524, et par suite 7524 et 918.

Ces deux propositions réunies démontrent que les diviseurs communs à 7524 et 918 sont les mêmes que les diviseurs communs à 180 et 918; le plus grand des uns est par conséquent, le même que le plus grand des autres. C'est ce qu'il fallait démontrer.

Recherche du plus grand commun diviseur de deux nombres entiers.

78. Le théorème précédent permet de remplacer les deux nombres dont on veut trouver le plus grand commun diviseur par deux autres plus simples. Ceux-ci pourront de même être remplacés par d'autres plus simples encore; et ainsi de suite, jusqu'à ce qu'on soit conduit à deux nombres divisibles l'un par l'autre; le plus petit des deux (76) sera alors le plus grand commun diviseur. Nous pouvons donc énoncer la règle suivante:

Pour chercher le plus grand commun diviseur de deux nombres entiers, on divise le plus grand par le plus petit, puis le plus petit par le reste de leur division, et on continue ainsi à diviser chaque diviseur par le reste correspondant jusqu'à ce qu'une de ces divisions se fasse exactement, le diviseur de cette division est le plus grand commun diviseur cherché.

79. Pour que cette règle conduise au résultat, il faut que l'un des restes divise exactement le précédent; mais cela arrivera toujours, car les restes étant tous entiers et allant en diminuant, leur nombre est nécessairement limité.

80. On dispose ordinairement les divisions successives sur une même ligne horizontale et l'on écrit chaque quotient au-dessus du diviseur, afin de réserver la place qui est au-dessous pour le reste de la division suivante. Exemple :

	8	5	10
7524	918	180	18
180	18	0	

18 est le plus grand commun diviseur.

81. Remarque. Dans la recherche du plus grand commun diviseur, deux restes consécutifs quelconques ont le même plus grand commun diviseur que les nombres proposés. Si donc, on aperçoit le plus grand commun diviseur de deux de ces restes, on pourra se dispenser de continuer l'opération. L'habitude du calcul et la connaissance des diviseurs des nombres, peuvent seules guider dans l'application de cette remarque. Un des cas les plus simples est celui où le plus grand des deux restes consécutifs serait *premier* (98). Il est évident, en effet, qu'il ne peut alors avoir avec le suivant, d'autre commun diviseur que l'unité.

Théorèmes relatifs à la théorie du plus grand commun diviseur.

82. Théorème III. *Tout nombre entier qui en divise deux autres, divise leur plus grand commun diviseur.*

Soient A et B deux nombres entiers, et P, un troisième qui les divise tous deux. Pour chercher le plus grand commun diviseur de A et B, on divise A par B, ce qui donne un reste R ; on divise ensuite, B par R, ce qui donne un reste R', et, en continuant à diviser chaque reste par le suivant, on obtient le plus grand commun diviseur, qui est le dernier de ces restes. Or (77), P, divisant A et B, divise R ; divisant B et R, il divise R', divisant R et R', il divise le reste suivant, et ainsi de suite. P divise donc tous les restes successifs et, par suite, le plus grand commun diviseur, qui est un d'entre eux.

83. Remarque. La réciproque du théorème précédent est évidente, *tout nombre qui divise le plus grand commun diviseur de deux autres, divise ces deux autres* ; car les deux nombres sont

des multiples de leur plus grand commun diviseur, et tout nombre qui en divise un autre, divise (57) ses multiples. Ainsi donc :

Tout nombre qui en divise deux autres A et B, divise leur plus grand commun diviseur D, et tout nombre qui divise D, divise A et B.

Il résulte de ces deux propositions réunies, que *les diviseurs communs à deux nombres sont les mêmes, que ceux de leur plus grand commun diviseur.*

64. Théorème IV. *Si on multiplie deux nombres par un troisième, leur plus grand commun diviseur est multiplié par ce troisième.*

Si on multiplie par un même nombre le dividende et le diviseur d'une division, le reste (55) est multiplié par ce nombre. Si donc, après avoir cherché le plus grand commun diviseur de deux nombres, on les multiplie par un troisième et qu'on recommence l'opération, tous les restes successifs, et, par conséquent, le plus grand commun diviseur qui est un d'entre eux, seront multipliés par ce troisième nombre. C'est précisément ce qu'il fallait démontrer.

65. Remarque I. D'après le théorème précédent, si deux nombres entiers, sont *m* fois plus grands que deux autres, leur plus grand commun diviseur est *m* fois plus grand ; *m* désignant un nombre entier quelconque. Au lieu de dire, que les deux premiers nombres sont *m* fois plus grands que les deux autres, et ont un plus grand commun diviseur *m* fois plus grand, on peut dire, au contraire, que les deux derniers sont *m* fois plus petits qu'eux, et ont un commun diviseur *m* fois plus petit, le théorème peut donc être énoncé ainsi ; si deux nombres entiers sont *m* fois plus petits que deux autres, leur plus grand commun diviseur est *m* fois plus petit ; ou *encore*, si deux nombres sont *divisibles par un troisième* m, *et qu'on effectue leur division par ce troisième nombre, leur plus grand commun diviseur sera lui-même divisé par* m.

66. Remarque II. *Si on divise deux nombres par leur plus grand commun diviseur, le plus grand commun diviseur sera divisé par lui-même, et deviendra l'unité.*

Plus grand commun diviseur de trois nombres entiers.

87. Désignons les trois nombres proposés, par les lettres A, B et C. Leur plus grand commun diviseur est le plus grand nombre qui jouisse de la double propriété de diviser A et B et de diviser C. Mais, si nous nommons D, le plus grand commun diviseur de A et B, les nombres qui divisent A et B, sont les mêmes (83) que ceux qui divisent D.

Par conséquent, au lieu de chercher :

Le plus grand nombre qui jouisse de la double propriété de diviser A et B, et de diviser C,

On peut chercher :

Le plus grand nombre qui jouisse de la double propriété de diviser D et de diviser C, c'est-à-dire le plus grand commun diviseur de D et C.

De là résulte la règle suivante :

Pour trouver le plus grand commun diviseur de trois nombres, il faut chercher le plus grand commun diviseur de deux d'entre eux, puis le plus grand commun diviseur du résultat obtenu et du troisième.

88. Théorème V. *Tout nombre qui en divise trois autres, divise leur plus grand commun diviseur.* Soient, en effet, A, B et C, ces trois nombres; et P, celui qui les divise tous les trois. P, divisant A et B divise (83) leur plus grand commun diviseur D, et, divisant D et C, il divise leur plus grand commun diviseur, qui est (87) celui des trois nombres A, B et C.

89. Remarque. La réciproque du théorème précédent est évidente, *tout nombre qui divise le plus grand commun diviseur de trois autres, divise ces trois autres.* Car les trois nombres sont des multiples de leur plus grand commun diviseur, et tout nombre qui en divise un autre divise ses multiples ; ainsi donc :

Tout nombre qui en divise trois autres, A, B et C, divise leur plus grand commun diviseur D, et tout nombre qui divise D, divise A, B et C.

Il résulte, de ces deux propositions réunies que les *diviseurs de trois nombres sont les mêmes que ceux de leur plus grand commun diviseur.*

90. Théorème VI. *Si on multiplie trois nombres,* A, B *et* C, *par un quatrième* m, *leur plus grand commun diviseur sera multiplié par* m.

Pour obtenir le plus grand commun diviseur de A, B et C, il faut chercher le plus grand commun diviseur de A et de B que nous nommerons D, puis, le plus grand commun diviseur de D et de C, que nous nommerons D'. Si nous considérons ensuite les nombres $m \times A$, $m \times B$, $m \times C$ pour obtenir leur plus grand commun diviseur, il faudra chercher celui de $m \times A$ et $m \times B$ qui (84), sera $m \times D$, puis celui de $m \times D$ et $m \times C$, qui, sera $m \times D'$, c'est précisément ce qu'il fallait démontrer.

91. Remarque I. On peut énoncer le théorème précédent en disant : si trois nombres sont divisibles par un quatrième et qu'on effectue leur division par ce quatrième, leur plus grand commun diviseur, sera divisé par le même nombre (85).

92. Remarque II. *Si on divise trois nombres par leur plus grand commun diviseur, les quotients ont pour plus grand commun diviseur l'unité.*

Cette proposition est une conséquence évidente de la précédente.

Plus grand commun diviseur de quatre nombres entiers.

93. Soient A, B, C, D quatre nombres entiers. Leur plus grand commun diviseur est le plus grand nombre qui jouisse de la double propriété de diviser A, B et C, et de diviser D. Mais, si nous nommons K, le plus grand commun diviseur de A, B et C, les nombres qui divisent A, B et C, sont (89) les mêmes que ceux qui divisent K, par conséquent : Au lieu de chercher :

Le plus grand nombre qui jouisse de la double propriété de diviser A, B et C et de diviser D,

Nous pouvons chercher :

Le plus grand nombre qui jouisse de la double propriété de diviser K et de diviser D,

C'est-à-dire le plus grand commun diviseur de K et D.

Il résulte de là, que l'*on trouvera le plus grand commun diviseur de quatre nombres, en cherchant le plus grand commun diviseur de trois d'entre eux, puis le plus grand commun diviseur du résultat obtenu et du quatrième.*

94. Théorème VII. *Tout nombre qui en divise quatre autres, divise leur plus grand commun diviseur et réciproquement, tout nombre qui divise le plus grand commun diviseur de quatre autres, divise ces quatre autres.*

Ce théorème se prouvera absolument comme pour le cas de trois nombres.

95. La règle pour trouver le plus grand commun diviseur de cinq nombres est analogue à celle qui a été donnée pour le cas de quatre, et se démontrerait de la même manière. Cette règle s'étendrait sans difficulté au cas où il y en aurait un nombre quelconque. Nous nous bornerons à en donner l'énoncé.

Pour trouver le plus grand commun diviseur de plusieurs nombres, il faut chercher le plus grand commun diviseur de tous ces nombres excepté un, puis le plus grand commun diviseur du résultat obtenu et du dernier nombre.

Limite du nombre de divisions auxquelles peut conduire la recherche du plus grand commun diviseur.

96. Théorème IX. *Dans la recherche du plus grand commun diviseur de deux nombres, chaque reste est moindre que la moitié de celui qui le précède de deux rangs.*

Désignons par les lettres R et R_1 deux restes consécutifs. Si, conformément à la règle générale, on divise R par R_1, on obtiendra un nouveau reste R_2. Nous voulons prouver que R_2 est moindre que la moitié de R.

Si R_1 est moindre que la moitié de R, R_2 l'est à plus forte raison car les restes vont en diminuant. Il suffit donc d'établir le théorème énoncé, dans le cas où R_1 est plus grand que la moitié de R. Dans ce cas, R ne contenant qu'une seule fois R_1 le reste R_2 de leur division est égal à leur différence $R - R_1$. Or, l'excès de R sur un nombre plus grand que sa moitié est moindre que cette moitié. La proposition est donc démontrée.

Remarque. La même démonstration prouve que le second reste est moindre que la moitié du plus petit des deux nombres.

97. THÉORÈME X. *On aura une limite du nombre des divisions à effectuer dans la recherche du plus grand commun diviseur de deux nombres A et B, en formant la suite, 2, 4, 8, 16..., des puissances de 2, et prenant le double du rang du premier des termes de cette suite qui surpasse le plus petit B des nombres proposés.*

Soient en effet, R_1, R_2, R_3, R_4..., les restes obtenus successivement. D'après le théorème précédent, R_2 est moindre que la moitié de B, R_4 moindre que la moitié de R_2, et par suite moindre que le quart de B, R_6 moindre que la moitié de R_4, et par suite, moindre que le 8e de B, généralement le reste de rang $2n$, s'il existe, est moindre que B divisé par 2^n; si donc 2^n est plus grand que B, les restes ne pouvant devenir moindres que l'unité, il ne peut pas y avoir $2n$ opérations.

RÉSUMÉ.

75. Définition des diviseurs communs et du plus grand commun diviseur de deux ou plusieurs nombres entiers. — 76. Si deux nombres sont divisibles l'un par l'autre, le plus petit des deux est leur plus grand commun diviseur. — 77. Si deux nombres ne sont pas divisibles l'un par l'autre, ils ont le même plus grand commun diviseur que le plus petit des deux et le reste de leur division. — 78. Recherche du plus grand commun diviseur de deux nombres entiers. — 79. Il est impossible que l'opération ne se termine pas. — 80. Manière de disposer l'opération. — 81. Cas dans lesquels on peut se dispenser de pousser les calculs jusqu'au bout. — 82. Tout nombre qui en divise deux autres divise leur plus grand commun diviseur. — 83. La réciproque de la proposition précédente étant évidente, on voit que les diviseurs communs à deux nombres sont absolument les mêmes que ceux de leur plus grand commun diviseur. — 84. Si on multiplie deux nombres par un troisième, leur plus grand commun diviseur est multiplié par le troisième. — 85. On peut encore énoncer le théorème précédent en disant que, si on divise deux nombres par un troisième, leur plus grand commun diviseur est divisé par ce troisième. — 86. Si on divise deux nombres par leur plus grand commun diviseur, les quotient sont pour plus grand commun diviseur l'unité. — 87. Plus grand commun diviseur de trois nombres entiers. — 88. Tout nombre qui en divise trois autres divise leur plus grand commun diviseur. — 89. Les diviseurs de trois nombres sont les mêmes que ceux de leur plus grand commun diviseur. — 90. Si on multiplie trois nombres par un quatrième, leur plus grand commun diviseur est multiplié par le quatrième. — 91. Si on divise

trois nombres par un quatrième, leur plus grand commun diviseur est divisé par ce quatrième. — 92. Si on divise trois nombres par leur plus grand commun diviseur, les quotients ont pour plus grand commun diviseur l'unité. — 93. Plus grand commun diviseur de quatre nombres entiers. — 94. Tout nombre qui en divise quatre autres divise leur plus grand commun diviseur. — 95. Plus grand commun diviseur d'un nombre quelconque de nombres. — 96. Dans la recherche du plus grand commun diviseur de deux nombres, chaque reste est moindre que la moitié de celui qui le précède de deux rangs. — 97. On aura une limite du nombre des diviseurs à effectuer dans la recherche du plus grand commun diviseur de deux nombres, en formant la suite 2, 4, 8, 16, ... des puissances de 2, et, prenant le double du rang du premier des termes de cette suite, qui surpasse le plus petit des nombres proposés.

EXERCICES.

I. Pour trouver le plus grand commun diviseur de trois nombres A, B, C, on peut procéder de la manière suivante.

On divise les deux nombres A et B par le plus petit des trois C. Ces divisions fourniront deux restes R et R'; le plus grand commun diviseur des nombres C, R et R' est le même que celui des nombres proposés. En opérant de la même manière sur ces trois nombres C, R et R', on les ramènera à d'autres plus simples et on continuera jusqu'à ce que l'un des deux restes soit nul. On cherchera alors le plus grand commun diviseur de l'autre reste et du diviseur précédent.

II. Si on forme la suite 1, 2, 3, 5, 8, 13..., dont chaque terme est la somme des deux précédents, il est impossible que dans l'opération du plus grand commun diviseur, plus de deux restes consécutifs tombent entre deux mêmes termes de cette suite, et s'il en tombe deux il n'y en aura aucun dans l'intervalle suivant.

III. En se fondant sur la proposition précédente et sur celle qui a été énoncée, (Chap. I. ex. III.) on peut prouver que l'opération du plus grand commun diviseur exige un nombre de divisions au plus égal à cinq fois le nombre des chiffres du plus petit des deux nombres.

CHAPITRE VII.

THÉORIE DES NOMBRES PREMIERS.

Définitions.

98. Un nombre entier est dit premier lorsqu'il n'a pas d'autres diviseurs entiers que lui-même et l'unité. 2, 3, 5, 7, sont des nombres premiers, 9 n'est pas premier, car il est divisible par 3.

Deux nombres sont dits premiers entre eux, lorsque leur plus grand commun diviseur est l'unité.

Remarque. Il est évident qu'un nombre premier, est premier avec tous les nombres entiers qui ne sont pas ses multiples.

Théorèmes relatifs aux nombres premiers.

99. Théorème I. *Tout nombre entier* N, *qui n'est pas premier, admet au moins un diviseur premier.*

N n'étant pas premier, admet un diviseur N_1; si N_1 est premier, la proposition est démontrée : s'il ne l'est pas, il admet un diviseur, N_2; N_2 divisant N_1 divise aussi N, qui est son multiple, et par conséquent si N_2 est premier, la proposition est démontrée : s'il ne l'est pas, il admet un diviseur, N_3. Remarquons encore que N_3 divisant N_2 doit diviser N, et que, par conséquent, s'il est premier la proposition est démontrée : en continuant ainsi, nous formerons une suite de diviseurs de N, qui ne s'arrêtera qu'à un nombre premier. Or, il faut bien qu'elle s'arrête, car ces diviseurs, qui sont tous entiers, allant en diminuant, leur nombre ne peut pas être illimité. On parviendra donc à un diviseur premier : c'est ce qu'il fallait démontrer.

100. Remarque. Un nombre premier étant lui-même son diviseur, admet un diviseur premier; on peut donc modifier le théorème précédent en disant : *tout nombre, premier ou non, admet au moins un diviseur premier.*

101. Théorème II. *Si deux nombres ne sont pas premiers entre eux, ils ont au moins un diviseur premier commun.*

En effet, si deux nombres ne sont pas premiers entre eux, par définition, ils admettent un diviseur commun autre que l'unité; ce diviseur (**100**), admet lui-même un diviseur premier qui divise évidemment les deux nombres proposés.

102. Théorème III. *La suite des nombres premiers est illimitée.*

Supposons, s'il est possible, que N désigne le plus grand des nombres premiers. Formons le produit de tous les nombres premiers depuis 2 jusqu'à N, et ajoutons une unité à ce produit

$$2\times3\times5\times7\times\ldots\times N+1.$$

Si nous nommons S le résultat ainsi obtenu, S, admet un diviseur premier (**100**). Or, ce diviseur doit être plus grand que N, car autrement il entrerait comme facteur dans la première partie de S, et devrait, par conséquent, diviser la seconde, qui est 1, ce qui est impossible. Il y a donc nécessairement un nombre premier plus grand que N, et l'hypothèse que nous avons faite est inadmissible.

Formation d'une table de nombres premiers.

103. Pour former une table de nombres premiers, on écrit la suite des nombres entiers, et on efface ceux qui ne sont pas premiers. Écrivons la suite :

1. 2. 3. 4. 5. 6. 7. 8. 9. 10. 11. 12. 13. 14. 15. 16. 17. 18. 19. 20. 21. 22. 23. 24. 25. 26. 27. 28. 29. 30. 31. 32. 33. 34. 35. 36. 37. 38. 39. 40. 41. 42.....

1° Les nombres divisibles par 2, à l'exception de 2, ne sont pas premiers; on doit donc effacer de deux en deux tous les termes de cette suite, à partir de 2 exclusivement.

2° Les nombres divisibles par 3, à l'exception de 3, ne sont pas premiers; on doit donc effacer de trois en trois tous les termes de la suite, à partir de 3 exclusivement. On effacera ainsi des nombres tels que 6, qui le sont déjà comme multiples de 2, mais cela n'a aucun inconvénient.

3° Il serait inutile d'effacer les multiples de 4, car tous l'ont déjà été comme multiples de 2. On effacera donc les multiples de 5; et pour cela on effacera les nombres de 5 en 5, à partir de 5 exclusivement.

4° On effacera ensuite les nombres, non pas de 6 en 6, ce qui serait inutile, mais de 7 en 7, à partir de 7 exclusivement, et on supprimera ainsi tous les multiples de 7.

On continuera de la même manière en remarquant toujours qu'il est inutile d'effacer les multiples des nombres qui ne sont pas premiers.

104. En procédant, comme il vient d'être dit, après avoir effacé les multiples d'un nombre premier P, on est assuré que tous les nombres non effacés sont premiers, jusqu'au carré du nombre premier Q immédiatement supérieur à P.

Soit en effet N un nombre non effacé moindre que Q^2; s'il n'était pas premier il admettrait un diviseur D. On aurait donc :

$$N = D \times Q_1$$

Q_1 étant aussi un diviseur de N. Or, N, étant moindre que Q^2, l'un au moins, des facteurs D et Q_1, est moindre que Q, et admet par conséquent (99), un diviseur premier moindre que Q, qui évidemment doit diviser N. Or, cela ne peut être, puisque on a effacé tous les multiples des nombres premiers inférieurs à Q. Il y a donc contradiction à supposer que N ne soit pas premier.

D'après ce qui précède, *pour former la table des nombres premiers jusqu'à une limite déterminée A, on écrira tous les nombres entiers inférieurs à cette limite, et on effacera les multiples de tous les nombres premiers dont le carré ne surpasse pas A.*

105. Remarque I. On pourrait croire nécessaire de connaître déjà la liste des nombres premiers, pour effacer leurs multiples. Mais l'opération fournira ces nombres au fur et à mesure qu'on en aura besoin.

106. Remarque II. Les explications précédentes donnent le moyen de décider si un nombre est premier ou non, il suffira, en effet, de le diviser successivement par les nombres premiers 2, 3, 5, 7..., dont les carrés sont moindres que lui, si aucune de ces divisions ne réussit, le nombre est premier.

On sera averti que le carré du diviseur essayé est plus grand que le dividende, lorsque le quotient deviendra moindre que le diviseur, car, en nommant N le dividende et P le diviseur, si N est moindre que P^2 le quotient sera plus petit que P.

Décomposition d'un nombre en facteurs premiers.

107. Théorème IV. *Tout nombre qui n'est pas premier est égal à un produit de facteurs premiers.* Ce que l'on exprime, en disant, *qu'il est décomposable en facteurs premiers.*

Désignons par N un nombre non premier. Ce nombre a au moins (99) un diviseur premier P, et, par conséquent, en désignant par Q un quotient entier

$$N = P \times Q.$$

Si Q est premier, la proposition est démontrée, N est le produit de deux nombres premiers. Si Q n'est pas premier, il a (99), au moins un diviseur premier P_1, par conséquent, en désignant par Q_1, un quotient entier

$$Q = P_1 \times Q_1.$$

En substituant cette valeur de Q dans l'égalité précédente, on a

$$N = P \times P_1 \times Q_1.$$

Si Q_1 est premier, la proposition est démontrée, N est le produit de trois nombres premiers; s'il ne l'est pas, il a au moins un diviseur premier P_2, par conséquent en nommant Q_2 un quotient entier

$$Q_1 = P_2 \times Q_2.$$

En substituant cette valeur de Q_1 dans l'égalité précédente, on a

$$N = P \times P_1 \times P_2 \times Q_2.$$

On continuera ainsi jusqu'à ce qu'un des quotients Q, Q_1, Q_2 soit premier; cela ne peut manquer d'arriver après un certain nombre d'opérations, car, autrement, ces nombres entiers, qui vont en diminuant, formeraient une suite illimitée, ce qui est impossible.

108. Remarque. Dans la démonstration précédente, rien ne suppose que les nombres P, P_1, P_2 soient différents. Le même facteur peut figurer plusieurs fois dans le produit.

Exemple. Appliquons le raisonnement précédent au nombre 60 :

1° 60 admet le diviseur premier 2, et l'on a,

$$60=2\times 30;$$

2° 30 admet le diviseur premier 2, et l'on a,

$$30=2\times 15,$$

par conséquent,

$$60=2\times 2\times 15;$$

3° 15 admet le diviseur premier 3, et l'on a,

$$15=3\times 5,$$

par conséquent,

$$60=2\times 2\times 3\times 5,$$

5, étant premier, la décomposition est terminée.

109. Théorème V. *Si un nombre divise un produit de deux facteurs et qu'il soit premier avec l'un des facteurs, il divise nécessairement l'autre.*

Soit P un nombre premier avec A, qui divise le produit $A\times B$. Il faut prouver qu'il divise B.

Par hypothèse, le plus grand commun diviseur de P et A, est l'unité; si on multiplie ces deux nombres par B, leur plus grand commun diviseur (84) sera multiplié par B, et deviendra, par conséquent, égal à B, ainsi donc, le plus grand commun diviseur de $P\times B$ et $A\times B$ est B; or, P divise évidemment $P\times B$, il divise aussi, par hypothèse, $A\times B$, il divise donc (82) leur plus grand commun diviseur B. C'est précisément ce qu'il fallait démontrer.

110. Théorème VI. *Un nombre premier ne peut diviser un produit de deux facteurs sans diviser l'un des facteurs.*

Soit P un nombre premier qui divise un produit A×B. P étant premier, s'il ne divise pas A, il est premier avec lui (98), et alors, d'après le théorème précédent ; il divise B. Il divise donc dans tous les cas, l'un ou l'autre.

111. Théorème VII. *Un nombre premier ne peut diviser un produit de plusieurs facteurs, sans diviser au moins un des facteurs.*

Considérons, par exemple, un produit de quatre facteurs A×B×C×D divisible par un nombre premier P, ce produit pouvant être considéré comme formé de deux facteurs (A×B×C) et D, si P ne divise pas D (**110**), il divise A×B×C; mais ce nouveau produit pouvant lui-même être considéré comme composé de deux facteurs (A×B) et C, si P ne divise pas C il doit diviser A×B, et, par conséquent, A ou B. Il divise donc dans tous les cas l'un des quatre facteurs.

La même démonstration s'applique évidemment à un nombre quelconque de facteurs.

Remarque I. *Un nombre premier ne peut diviser un produit de facteurs premiers, sans être égal à l'un d'eux.*

Car, pour diviser le produit, il doit (**111**) diviser l'un des facteurs, et ces facteurs étant premiers, ne sont divisibles que par eux-mêmes et par l'unité.

Remarque II. Les facteurs du produit considéré peuvent être égaux et par conséquent un nombre premier qui ne divise pas un nombre ne peut diviser ses puissances. Il résulte de là que si deux nombres sont premiers entre eux, deux quelconques de leurs puissances n'auront pas de facteurs premiers communs et seront par conséquent premières entre elles.

112. Théorème VIII. *Un nombre qui est premier avec tous le facteurs d'un produit est premier avec le produit.*

Soit un produit A×B×C×D, et P un nombre premier avec chacun des facteurs A, B, C et D. Si P et A×B×C×D n'étaient pas premiers entre eux, ils auraient (**101**) au moins un diviseur premier commun K. K étant premier et divisant le produit A×B×C×D divisera (**111**), l'un au moins des facteurs de ce produit, A, par exemple; mais alors A et P ont le diviseur commun K et, contrairement à l'hypothèse, ils ne sont pas premiers entre eux. Il y a donc contradiction à admettre que P et $A\times B\times C\times D$ aient un diviseur commun.

113. Théorème IX. *Un nombre divisible par plusieurs autres premiers entre eux deux à deux, est divisible par leur produit.*

Soit N un nombre divisible par plusieurs autres, A, B, C, premiers entre eux deux à deux. N, étant divisible par A, on aura, en désignant par Q, un quotient entier

$$N=A\times Q,$$

le produit $A\times Q$ étant égal à N, sera divisible par B, et par suite B, étant premier avec A devra (**109**) diviser Q, en sorte que, en désignant par Q_1 un quotient entier, on aura

$$Q=Q_1\times B;$$

en substituant cette valeur de Q, dans l'expression de N, celle-ci devient

$$N=A\times B\times Q_1.$$

Le produit $A\times B\times Q_1$, étant égal à N, sera, comme lui, divisible par C; mais C étant premier avec A et B, le sera avec $A\times B$ (**112**), et, par conséquent, devra (**109**) diviser Q_1, on aura donc, en désignant par Q_2, un quotient entier,

$$Q_1=Q_2\times C.$$

En substituant cette valeur de Q_1, dans l'expression de N, celle-ci devient

$$N=A\times B\times C\times Q_2,$$

ce qui démontre la proposition énoncée.

114. Théorème X. *Un nombre ne peut se décomposer que d'une seule manière en facteurs premiers.*

S'il existait deux modes de décomposition ils différeraient, soit par la valeur des facteurs, soit par le nombre de fois que chacun d'eux serait employé. Nous allons prouver que les deux choses sont impossibles.

1° *Si deux produits de facteurs premiers représentent le même nombre, ils sont composés des mêmes facteurs.* Aucun nombre premier ne peut en effet (**111**), diviser un produit de facteurs premiers sans être égal à l'un d'eux. Si donc deux produits de facteurs premiers représentent le même nombre, chacun d'eux doit contenir tous les diviseurs premiers de ce nombre, et par conséquent tous les facteurs de l'autre produit. Ce qui démontre la proposition énoncée.

2° *Si deux produits de facteurs premiers représentent le même nombre, chaque facteur doit figurer dans les deux le même nombre de fois.* Supposons, en effet, que dans l'un de ces produits, le facteur 7 entre trois fois, et dans l'autre, deux fois seulement. Soit :

$$7 \times 7 \times 7 \times 13 \times 13 \times 15 \text{ et } 7 \times 7 \times 13 \times 15 \times 15$$

ces deux produits. S'ils étaient égaux, divisés l'un et l'autre par 7×7 ils donneraient des quotients égaux, et l'on aurait par conséquent :

$$7 \times 13 \times 13 \times 15 = 13 \times 15 \times 15.$$

Mais cette égalité est impossible, car ces deux produits ne sont plus composés des mêmes facteurs. Cette démonstration est générale, quel que soit le facteur qui n'entre pas le même nombre de fois dans les deux produits, on obtiendra de la même manière, deux nouveaux produits qui devraient être égaux si les proposés l'étaient, et dont l'un seulement contiendra le facteur en question.

115. Remarque. La décomposition en facteurs premiers constitue un véritable système de numération des nombres entiers, au moyen duquel tous peuvent être exprimés, et ne peuvent l'être que d'une seule manière. Ce système serait fort incommode pour les opérations les plus simples ; il devient au contraire extrêmement précieux, lorsqu'on s'occupe des opérations plus compliquées de l'arithmétique. Nous exposerons quelques-unes de ses applications; mais il convient d'abord d'indiquer le moyen de décomposer un nombre en facteurs premiers, car, jusqu'ici, nous nous sommes bornés à prouver que cela est possible.

Moyen de décomposer un nombre en facteurs premiers.

110. Pour décomposer un nombre en facteurs premiers, on prend les nombres premiers par ordre de grandeur, et on essaye s'ils divisent ce nombre. Quand une division réussit, on l'effectue, et dans les opérations suivantes le quotient est substitué au nombre proposé. Une seconde division qui réussit permet de substituer à ce quotient un nombre plus simple encore, et on continue jusqu'à ce qu'on trouve un quotient premier. Ce quotient est le dernier des facteurs que l'on cherche, et les autres sont les diviseurs successivement employés. Un exemple suffira pour rendre cette méthode très-claire.

Soit à décomposer en facteurs premiers le nombre 25480; on essaye d'abord le diviseur 2, la division réussit et donne pour quotient 12740. On a donc :

$$25480 = 12740 \times 2.$$

On essaye la division de 12740 par 2, qui réussit encore et donne pour quotient 6370. On a donc :

$$12740 = 6370 \times 2,$$

par conséquent :

$$25480 = 6370 \times 2 \times 2;$$

6370 se divise encore par 2, et l'on a :

$$6370 = 3185 \times 2,$$

par conséquent :

$$25480 = 3185 \times 2 \times 2 \times 2;$$

3185 n'est divisible ni par 2, ni par 3, mais il l'est par 5, et l'on a :

$$3185 = 637 \times 5,$$

par conséquent :

$$25480 = 637 \times 5 \times 2 \times 2 \times 2;$$

637 n'est pas divisible par 5, mais il l'est par 7, et l'on a :

$$637 = 91 \times 7,$$

par conséquent :

$$25480 = 91 \times 7 \times 5 \times 2 \times 2 \times 2;$$

91 est également divisible par 7, et l'on a :

$$91 = 13 \times 7,$$

par conséquent :

$$25480 = 13 \times 7 \times 7 \times 5 \times 2 \times 2 \times 2;$$

13 étant premier, la décomposition est effectuée.

Remarque I. Il faut essayer le même diviseur plusieurs fois de suite, comme dans l'exemple précédent les diviseurs 2 et 7, jusqu'à ce qu'il cesse de donner un quotient entier. Mais ensuite, il faut cesser de l'essayer car les quotients successifs étant des diviseurs les uns des autres, un nombre qui ne divise pas l'un d'entre eux ne peut diviser les suivants.

Remarque II. Quand on aperçoit deux facteurs dont un nombre est le produit, on peut les décomposer séparément et réunir les résultats en un seul produit.

Exemple. Soit à décomposer le nombre 2400. $2400 = 24 \times 100$. Il suffit donc de décomposer 24 et 100; mais $24 = 4 \times 6$, $4 = 2 \times 2$, $6 = 2 \times 3$, donc $24 = 2 \times 2 \times 2 \times 3$, $100 = 10 \times 10 = 2 \times 5 \times 2 \times 5$. On a donc enfin :

$$2400 = 2 \times 2 \times 2 \times 3 \times 2 \times 5 \times 2 \times 5 = 2^5 \times 3 \times 5^2.$$

Condition pour que deux nombres soient divisibles l'un par l'autre.

117. *Pour que deux nombres soient divisibles l'un par l'autre, il faut et il suffit que le diviseur n'ait pas d'autres facteurs premiers que ceux du dividende, et que ces facteurs n'y figurent pas un plus grand nombre de fois.*

1° Cette condition est nécessaire. si en effet, on conçoit que le dividende, le diviseur et le quotient soient décomposés en facteurs premiers, le dividende étant le produit du diviseur par le quotient, est le produit de tous les facteurs de ces deux nombres. Tous les facteurs du diviseur figurent donc dans le dividende un nombre de fois au moins égal.

2° Cette condition est suffisante : si en effet elle est remplie, le quotient sera entier et égal au produit des facteurs qui entrent dans le dividende sans entrer dans le diviseur, par ceux qui entrent dans l'un et dans l'autre, pris un nombre de fois égal à la différence de leurs exposants dans ces deux nombres. Par exemple : $3^3\times7^2\times13^4\times19^2\times37$ divisé par $3^3\times13^3\times19$ donnera pour quotient $7^2\times13^1\times19\times37$, car en réunissant ces facteurs à ceux du diviseur, cela fera, comme dans le dividende, 3 facteurs 3, 2 facteurs 7, 4 facteurs 13, 2 facteurs 19 et 1 facteur 37.

Composition du plus grand commun diviseur de plusieurs nombres.

118. Il résulte de la proposition précédente, que les facteurs premiers des diviseurs communs à plusieurs nombres doivent être communs à ces nombres, et que leurs exposants sont *au plus* égaux à celui qu'ils ont dans le nombre où ils figurent avec le moindre exposant. Le plus grand commun diviseur est donc le produit des facteurs premiers communs pris avec des exposants *précisément* égaux à celui qu'ils ont dans le nombre où ils figurent avec le moindre exposant.

Exemple. Soient les nombres $2^3\times5^4\times19\times37^3$, $2^2\times7\times19^3\times37^4\times57$, $2^4\times11^2\times19\times37$, les seuls facteurs premiers communs à ces trois nombres, sont 2, 19 et 37, 2 entre 2 fois et les deux autres une seule fois, comme facteurs dans celui des nombres où ils figurent avec le moindre exposant. Le plus grand commun diviseur est donc $2^2\times19\times37$.

Remarque I. La plupart des théorèmes relatifs au plus grand commun diviseur de deux ou plusieurs nombres, démontrés chapitre VI, deviennent presque évidents, lorsqu'on se représente ces nombres comme décomposés en facteurs premiers. Nous ne développerons pas cependant ce mode de démonstration, parce que nous pensons que l'habitude des considérations de ce genre, est une des causes de la difficulté que les élèves éprouvent pour étendre à des grandeurs quelconques les propositions relatives aux nombres entiers.

119. Remarque II. *On n'altère pas le plus grand commun diviseur de deux nombres en multipliant ou divisant l'un d'eux par un facteur, premier avec l'autre*, car par là on n'introduit ni ne supprime aucun facteur premier commun. Dans la recherche du plus grand commun diviseur on peut donc supprimer, dans chaque reste, les facteurs premiers avec le reste suivant, que l'on y apercevra.

Former tous les diviseurs d'un nombre.

120. Soit le nombre $3\times7^3\times11^4\times13^2$. Les diviseurs de ce nombre (**117**) ont pour facteurs premiers 3, 7, 11 et 13, le premier ne pouvant pas entrer plus d'une fois, le second plus de trois fois, le troisième plus de quatre fois et le quatrième plus de deux fois. Si donc nous écrivons le tableau suivant :

$$\begin{array}{llll} 3 & & & \\ 7 & 7^2 & 7^3 & \\ 11 & 11^2 & 11^3 & 11^4 \\ 13 & 13^2 & & \end{array}$$

en multipliant deux à deux, trois à trois ou quatre à quatre, les nombres pris dans des colonnes horizontales différentes, et adjoignant à ces produits, les nombres inscrits dans le tableau lui-même, on aura tous les diviseurs du nombre proposé.

On donne plus de régularité à l'opération en inscrivant l'unité dans chacune des colonnes horizontales du tableau, qui devient ainsi :

$$\begin{array}{lllll} 1 & 3 & & & \\ 1 & 7 & 7^2 & 7^3 & \\ 1 & 11 & 11^2 & 11^3 & 11^4 \\ 1 & 13 & 13^2 & & \end{array}$$

Après cette adjonction, on peut dire, que *tous* les diviseurs s'obtiendront en multipliant quatre facteurs pris respectivement dans les quatre lignes horizontales; car pour former ceux dans lesquels n'entrent pas un ou plusieurs des facteurs premiers 3, 7, 11 ou 13, il suffira de prendre l'unité pour facteur, dans les lignes correspondantes.

Pour former ces diviseurs, on procédera de la manière suivante : on multipliera les nombres de la première ligne par ceux de la seconde, ce qui, dans le cas actuel, fera huit produits. On multipliera ces huit produits par les quatre nombres de la troisième ligne, ce qui fera 4 fois 8 ou 32 produits, qu'il faudra multiplier par les trois nombres de la quatrième ligne, ce qui fera en tout 3 fois 32 ou 96 produits, qui sont les seuls diviseurs du nombre proposé.

En général, *pour former tous les diviseurs d'un nombre, on le décompose en facteurs premiers et on forme un tableau composé d'une série de lignes horizontales commençant toutes par l'unité et contenant les diverses puissances de chacun de ces facteurs premiers, jusqu'à celle qui figure dans le nombre proposé; on multiplie ensuite tous les nombres de la première ligne par tous ceux de la seconde, puis, chacun de ces produits par ceux de la troisième ligne, et ainsi de suite; les derniers produits obtenus en multipliant par les nombres inscrits dans la dernière ligne du tableau sont tous les diviseurs cherchés.*

Nombre des diviseurs d'un nombre entier.

121. Soit un nombre entier N décomposé en facteurs premiers de la manière suivante :

$$N = a^{\alpha} \times b^{\beta} \times c^{\gamma}$$

a, b et c étant ces facteurs premiers et leurs exposants étant désignés par les lettres α, β, γ.

Si, conformément à la règle précédente, on forme le tableau :

$$\begin{array}{llllll} 1 & a & a^2 & a^3 & \ldots & a^{\alpha} \\ 1 & b & b^2 & b^3 & \ldots & b^{\beta} \\ 1 & c & c^2 & c^3 & \ldots & c^{\gamma} \end{array}$$

la première ligne contiendra $\alpha+1$ termes, la seconde, $\beta+1$ termes et la troisième $\gamma+1$. Lors donc qu'on multipliera les termes de la première ligne, par ceux de la seconde, cela fera en tout, $(\alpha+1)\times(\beta+1)$ produits. Et quand on multipliera ces produits par les termes de la troisième ligne, chacun d'eux en fournira $\gamma+1$, leur nombre sera donc multiplié par $\gamma+1$ et deviendra :

$$(\alpha+1)\times(\beta+1)\times(\gamma+1)$$

tel est donc le nombre des diviseurs. En général, *le nombre total des diviseurs d'un nombre, s'obtient en ajoutant une unité aux exposants de facteurs premiers et formant le produit des nombres ainsi obtenus.*

Remarque I. Dans le nombre $(\alpha+1)\times(\beta+1)\times(\gamma+1)$ des diviseurs, figurent l'unité qui s'obtient en multipliant les premiers termes des différentes lignes, et le nombre lui-même qui résulte de la multiplication des derniers termes.

122. Remarque II. *Le nombre des diviseurs d'un nombre est pair, à moins que les facteurs premiers de ce nombre n'aient tous des exposants pairs.* Si, en effet, l'exposant de l'un des facteurs premiers est impair, en lui ajoutant une unité la somme sera paire, et, par conséquent, le nombre des diviseurs, dans l'expression duquel (**121**) cette somme entre comme facteur, sera divisible par 2. Nous verrons plus loin que les nombres dont tous les facteurs premiers ont des exposants pairs sont des carrés. On peut donc énoncer la proposition précédente, en disant :

Le nombre total des diviseurs d'un nombre est pair, à moins que ce nombre ne soit un carré parfait.

123. On peut donner *a priori* la raison du théorème précédent.

Soit N un nombre entier et D un de ses diviseurs. En divisant N par D on aura un quotient entier Q, et par conséquent

$$N = D \times Q,$$

Q étant évidemment un second diviseur de N. Un troisième diviseur D′ entrainerait de même l'existence d'un quatrième Q′, tel que

$$N = D' \times Q',$$

et ainsi de suite. Les diviseurs de N se décomposent donc en groupes de deux, D et Q, D′ et Q′, etc., dont le produit est égal à N ; leur nombre total est par conséquent pair. Il y a exception dans le cas où N est un carré, parce qu'alors l'un des groupes est formé par deux diviseurs égaux, qui ne doivent être comptés que pour un dans le nombre total.

124. Remarque. Les deux diviseurs qui forment un groupe ont pour produit le nombre N, qui, par suite, est plus grand que le carré du plus petit, et moindre que le carré du plus grand. Il résulte de là que parmi les diviseurs d'un nombre N, la moitié ont un carré moindre, et l'autre moitié un carré plus grand que N.

Multiples communs à deux nombres.

125. Un nombre divisible par plusieurs autres se nomme leur multiple commun ; il est souvent utile de connaître les multiples communs à plusieurs nombres, et notamment le plus petit d'entre eux qu'on appelle leur plus petit multiple commun. Dans ce chapitre, il ne sera question que des nombres entiers ; les développements relatifs à la généralisation de cette théorie, trouveront leur place après l'étude des fractions.

126. THÉORÈME. *Si l'on désigne deux nombres entiers par les lettres* A *et* B, *par* D *leur plus grand commun diviseur, et par* Q *et* Q' *les quotients obtenus en divisant* A *et* B *par* D, *tout multiple commun à ces nombres est un multiple du produit* $D \times Q \times Q'$.

On a, en effet :

$$A = D \times Q, \quad B = D \times Q'.$$

En désignant par m un nombre entier, les multiples de A sont tous de la forme $m \times A$ ou $m \times D \times Q$. Cherchons ceux qui sont, en outre, divisibles par B, c'est-à-dire par $D \times Q'$. On pourra effectuer cette division, en divisant d'abord le nombre $m \times D \times Q$ par D, puis le résultat par Q'. La division par D donne pour quotient $m \times Q$, qui doit être divisible par Q' ; Q' étant premier avec Q doit donc (109), diviser le facteur m, et par suite, K étant un nombre entier,

$$m = K \times Q' ;$$

en remplaçant m par cette valeur, on obtient pour la forme la plus générale que puisse avoir un multiple commun aux deux nombres A et B

$$K \times Q' \times D \times Q,$$

ce qui démontre la proposition énoncée.

Il est d'ailleurs évident que cette expression représente, quel que soit K, un multiple commun à A et B ; car en la divisant par $D \times Q$ et $D \times Q'$, les quotients obtenus sont respectivement les nombres entiers $K \times Q'$ et $K \times Q$.

127. REMARQUE. Le plus petit multiple commun correspondra à la valeur $K = 1$, et est, par conséquent, $D \times Q \times Q'$. Le produit des nombres A et B est égal à $D \times Q \times D \times Q'$, et le quotient de sa division par D est évidemment le plus petit multiple commun que nous venons d'obtenir. On peut donc énoncer les théorèmes suivants :

1° *Le plus petit multiple commun de deux nombres est égal au produit de ces deux nombres divisé par leur plus grand commun diviseur;*

2° *Les autres multiples communs sont les multiples du plus petit.*

Multiples communs à trois nombres.

128. Désignons les trois nombres par les lettres A, B et C. Les multiples communs à A, B et C, sont les nombres qui jouissent de la double propriété d'être divisibles par A et B, et de l'être par C; mais si nous nommons M le plus petit multiple commun de A et B, les multiples communs à A et B sont (**127**) absolument les mêmes que ceux de M, par conséquent, au lieu de chercher

Les nombres qui jouissent de la double propriété d'être divisibles par A et par B, et de l'être par C,

On peut chercher

Les nombres qui jouissent de la double propriété d'être divisibles par M et de l'être par C;

C'est-à-dire les multiples communs de M et de C. Ce qui nous conduit à la règle suivante :

Les multiples communs à trois nombres s'obtiennent en cherchant le plus petit multiple commun à deux d'entre eux, puis les multiples communs au résultat obtenu et au troisième nombre.

129. Remarque I. *Tous les multiples communs à trois nombres sont divisibles par le plus petit d'entre eux.*

Soient A, B et C les trois nombres donnés; leurs multiples communs s'obtiennent en cherchant le plus petit multiple M, de A et de B, puis les multiples de M et de C. Or, les multiples de M et de C sont (**127**) les multiples du plus petit d'entre eux, ce qui démontre la proposition énoncée.

130. Remarque II. On démontrera sans difficulté les théorèmes suivants :

Pour trouver le plus petit multiple commun de plusieurs nombres ; il faut chercher le plus petit multiple de tous ces nombres excepté un, puis le plus petit multiple du résultat obtenu et du nombre restant.

Tous les multiples communs à plusieurs nombres sont divisibles par le plus petit d'entre eux.

Application de la décomposition des nombres en facteurs premiers à la recherche du plus petit multiple commun.

131. Pour trouver le plus petit multiple commun à plusieurs nombres, on peut encore *les décomposer en facteurs premiers et former le produit de tous ces facteurs en affectant chacun d'eux du plus grand exposant avec lequel il figure dans les nombres donnés.*

Soient par exemple les nombres :

$$200 = 2^3 \times 5^2,\ 500 = 5^3 \times 2^2,\ 147 = 3 \times 7^2$$

Leur plus petit multiple est : $2^3 \times 5^3 \times 3 \times 7^2$.

En effet, ce produit est évidemment divisible par chacun des nombres donnés ; de plus tout nombre divisible par 200, 500 et 147, doit contenir le facteur 2^3 qui est dans 200 ; le facteur 5^3 qui se trouve dans 500, et les facteurs 3 et 7^2 qui se trouvent dans 147. Il ne peut donc être moindre que le produit de ces facteurs qui est, par conséquent, leur plus petit multiple commun.

RÉSUMÉ.

98. Définition des nombres premiers. Des nombres premiers entre eux. — 99. Tout nombre qui n'est pas premier admet au moins un diviseur premier. — 100. Tout nombre, premier ou non, admet un diviseur premier. — 101. Deux nombres qui ne sont pas premiers entre eux ont au moins un diviseur premier commun. — 102. La suite des nombres premiers est illimitée. — 103. Formation d'une table de nombres premiers. — 104. Pour former la table jusqu'à une limite déterminée A, il suffit d'effacer les multiples des nombres premiers dont le carré ne surpasse pas A. — 105. La méthode fait connaître les nombres premiers à mesure qu'on en a besoin. — 106. Moyen de constater si un

nombre donné est ou n'est pas premier. — **107**. Tout nombre qui n'est pas premier est décomposable en facteurs premiers. — **108**. Le même facteur premier peut entrer plusieurs fois dans le produit. — **109**. Un nombre qui divise un produit de deux facteurs, et qui est premier avec l'un des deux, divise nécessairement l'autre. — **110**. Un nombre premier ne peut diviser un produit de deux facteurs sans diviser au moins un des facteurs. — **111**. On en conclut qu'un nombre premier qui divise un produit de facteurs premiers est égal à l'un d'eux, et qu'un nombre premier qui ne divise pas un nombre ne peut diviser ses puissances. — **112**. Un nombre premier avec tous les facteurs d'un produit est premier avec le produit. — **113**. Un nombre divisible par plusieurs autres, premiers deux à deux, est divisible par leur produit. — **114**. Un nombre ne peut se décomposer que d'une seule manière en facteurs premiers. — **115**. Comme il peut toujours se décomposer d'une manière, la décomposition en facteurs premiers constitue un véritable système de numération des nombres entiers. — **116**. Moyen de décomposer un nombre en facteurs premiers. — **117**. Deux nombres étant décomposés en facteurs premiers, on reconnaît immédiatement s'ils sont divisibles l'un par l'autre. — **118**. On peut aussi trouver leur plus grand commun diviseur. — **119**. On n'altère pas le plus grand commun diviseur de deux nombres en multipliant l'un d'eux par un facteur premier avec l'autre. — **120**. Formation des diviseurs d'un nombre. — **121**. Nombre de ces diviseurs. — **122**. Ce nombre de diviseurs est pair, à moins que tous les exposants de facteurs premiers ne soient divisibles par 2. — **123** et **124**. Ce théorème peut aussi se déduire du suivant. A tout diviseur d'un nombre, dont le carré surpasse ce nombre, en correspond un second dont le carré lui est inférieur. — **125**. Définition du plus petit multiple commun. — **126**. Si A et B sont deux nombres entiers, D leur plus grand commun diviseur, Q et Q' les quotients obtenus en divisant A et B par D, tout multiple commun à ces nombres est un multiple du produit $D \times Q \times Q'$. — **127**. On peut énoncer le théorème précédent en disant que le plus petit multiple commun de deux nombres est égal à leur produit divisé par leur plus grand commun diviseur, et que les autres multiples communs sont des multiples du plus petit. — **128**. Multiples communs de trois nombres. — **129**. Tout nombres divisible par trois autres est divisible par leur plus petit multiple commun. — **130**. Les théorèmes précédents s'étendent à plus de trois nombres. — **131**. Recherche des plus petits multiples par la décomposition en facteurs premiers.

EXERCICES.

I. Si n désigne un nombre entier quelconque, le produit

$$n(n+1)(2n+1),$$

est divisible par 6.

II. a et b désignant deux nombres entiers, le produit

$$ab(a^2+b^2)(a^2-b^2), \text{ est divisible par } 30.$$

III. Si on range par ordre de grandeur les diviseurs d'un nombre, en commençant par l'unité qui est le plus petit de ces diviseurs et finissant par le nombre lui-même qui est le plus grand, le produit de deux diviseurs pris dans cette suite à égale distance des extrêmes, est constant et égal au nombre lui-même.

IV. Le carré d'un nombre premier diminué d'une unité est toujours divisible par 12 (2 et 3 font exception).

V. Pour trouver le plus grand commun diviseur de deux nombres A et B, on peut procéder de la manière suivante: former les B premiers multiples de A:

$$A.\ 2A.\ 3A\ \ldots\ BA;$$

et chercher, parmi ces multiples, ceux qui sont divisibles par B, leur nombre est le plus grand commun diviseur.

VI. Pour trouver le plus grand commun diviseur de trois nombres, A, B et C, on peut procéder de la manière suivante: former les C premiers multiples de A et de B:

$$\begin{array}{l} A,\ 2A\quad 3A\ \ldots\ CA \\ B,\ 2B\quad 3B\ \ldots\ CB \end{array}$$

et chercher, combien il arrive de fois que les deux nombres correspondants dans ces deux lignes, soient à la fois divisibles par C. Ce nombre de fois est le plus grand commun diviseur demandé.

VII. Pour trouver le plus grand commun diviseur entre un nombre A, et le produit de plusieurs autres $M \times N \times P$, on peut chercher le plus grand commun diviseur D de A et M, diviser A par D, et chercher le plus grand commun diviseur D' du quotient Q et de N; diviser Q par D', et chercher le plus grand commun diviseur D″ du quotient Q′ et de P; le plus grand commun diviseur de A et M×N×P, sera D×D′×D″.

VIII. Si a et b désignent deux nombres entiers premiers entre eux, a^2-ab+b^2 et $a+b$ ne peuvent avoir d'autre facteur premier commun que 3.

IX. Si sur la circonférence d'un cercle, on marque un nombre m de points, et qu'on joigne ces points de n en n, 1° on finira toujours par revenir au point de départ; 2° si m et n sont premiers entre eux, on n'y reviendra qu'après avoir rencontré tous les autres points de division; 3° si cela n'a pas lieu, le nombre de points *rencontrés*, sera un diviseur du nombre total m.

X. Le produit de tous les nombres entiers consécutifs, depuis 1 jusqu'à $p-1$, est toujours divisible par p si p n'est pas premier, et ne l'est jamais dans le cas contraire.

XI. Si deux nombres a et b sont premiers entre eux, le plus grand commun diviseur de $a+b$ et de $a-b$ est au plus égal à 2.

XII. De combien de manières peut-on décomposer un nombre en un produit de deux facteurs premiers entre eux? Prouver que ce nombre de manières est $2^{n}-1$, n étant le nombre des facteurs premiers distincts qui divisent le nombre proposé.

XIII. Le produit de n, nombres entiers consécutifs, est toujours divisible par le produit des n premiers nombres : $1\times2\times3\times4\ldots.n$.

XIV. Le produit $2\times6\times10\times14\ldots\times18\times4n-6$, est divisible quel que soit n, par $2\times3\times4\times5\times6\times\ldots.n$

XV. a et b étant deux nombres premiers, il y a $(a-1)\times(b-1)$ nombres premiers à $a\times b$, et moindres que $a\times b$.

XVI. Si a, b, c, d désignent quatre nombres premiers avec un cinquième p, et que $a\times b-a'\times b'$ et $a-a'$ soient divisibles par p, il en sera de même de $b-b'$.

CHAPITRE VIII.

THÉORIE DES FRACTIONS.

Définition des fractions.

132. Une grandeur étant divisée en parties égales, la réunion d'un certain nombre de ces parties se nomme une *fraction* de cette grandeur. Une fraction dépend du nombre des parties, dans lesquelles la grandeur a été partagée, que l'on nomme son *dénominateur*, et du nombre de celles qui ont été réunies, que l'on nomme son *numérateur*. Le numérateur et le dénominateur d'une fraction sont quelquefois appelés ses deux termes.

Pour écrire une fraction on écrit son numérateur au-dessus de son dénominateur et on les sépare par une barre horizontale; pour l'énoncer : On lit d'abord le numérateur et on ajoute le nom du dénominateur suivi de la terminaison *ième*.

Exemple $\frac{5}{7}$, lisez cinq septièmes.

Il y a exception pour les dénominateurs 2, 3, 4; au lieu de deuxième, troisième, quatrième, on dit demie, tiers, quart.

Lorsqu'une grandeur est une fraction de l'unité, cette fraction est le nombre qui la mesure. Ce nombre est abstrait lorsque l'on n'indique pas la nature de l'unité. Quand on opère sur des nombres abstraits, il faut entendre que l'unité à laquelle ils se rapportent n'est pas fixée, mais pourra l'être ultérieurement d'une manière quelconque.

133. Remarque I. La définition des fractions ne suppose pas que le dénominateur soit plus grand que le numérateur. Par exemple, $\frac{11}{3}$ est une fraction exprimant onze fois le tiers de l'unité.

134. Remarque II. On peut considérer les nombres entiers comme des fractions ayant pour dénominateur l'unité; par exemple, 3 est égal à $\frac{3}{1}$; ces fractions ne sont pas d'ailleurs les seules par lesquelles on puisse représenter les nombres entiers. Par exemple, 2 est égal à $\frac{4}{2}$, ou à $\frac{6}{3}$.

Théorèmes relatifs aux fractions.

135. THÉORÈME I. *Une fraction est égale au quotient de la division de son numérateur par son dénominateur.*

Par exemple, $\frac{15}{7}$ est le septième de 15 : ce septième, contient en effet, le septième de chacune des unités qui composent 15, c'est-à-dire, 15 fois $\frac{1}{7}$ ou $\frac{15}{7}$.

136. REMARQUE. Le théorème précédent permet d'exprimer le quotient de la division de deux nombres entiers. Soit, par exemple, 43 à diviser par 9, le quotient entier est 4 et le reste 7, c'est-à-dire que le neuvième de 43 se compose de 4 unités, plus du neuvième de 7, il est donc $4+\frac{7}{9}$.

En général, *le quotient d'une division est égal au quotient entier, augmenté d'une fraction ayant pour numérateur le reste et pour dénominateur le diviseur.*

Quand une fraction est plus grande que l'unité, on peut, d'après cela, la réduire à un nombre entier augmenté d'une fraction moindre que l'unité.

EXEMPLE. $\frac{73}{5}$ est égal à $14+\frac{3}{5}$.

137. REMARQUE II. Une fraction étant égale au quotient de la division de son numérateur par son dénominateur, en la multipliant par son dénominateur, on obtiendra pour produit son numérateur.

Exemple. 7 fois $\frac{5}{7}$ font 5.

138. THÉORÈME II. *Si l'on multiplie ou divise le numérateur d'une fraction par un nombre entier la fraction est multipliée ou divisée par ce nombre.*

En effet, le dénominateur restant le même, les parties de l'unité qui composent la fraction conservent la même valeur; si donc on en prend deux, trois, quatre .... fois plus, ou deux, trois, quatre .... fois moins, le résultat sera deux, trois, quatre .... fois plus grand, ou deux, trois, quatre .... fois moindre.

EXEMPLE. $\frac{15}{7}$ est le triple de $\frac{5}{7}$, $\frac{5}{7}$ est le tiers de $\frac{15}{7}$.

139. THÉORÈME III. *Si l'on multiplie ou divise le dénominateur d'une fraction par un nombre entier, la fraction est divisée ou multipliée par ce nombre.*

1° Soit, par exemple, la fraction $\frac{5}{9}$; il faut prouver qu'en multipliant le dénominateur par 4, la fraction obtenue $\frac{5}{36}$, est le quart de la première.

Si, en effet, après avoir partagé l'unité en 9 neuvièmes, on divise chacun d'eux en 4 parties égales, on obtiendra, en tout, 36 parties égales, qui seront, par conséquent, des trente-sixièmes. $\frac{1}{36}$ est donc le quart d'un neuvième, et, par suite, $\frac{5}{36}$, sont le quart de $\frac{5}{9}$;

2° Considérons la fraction $\frac{7}{12}$; il faut prouver qu'en divisant le dénominateur par 4, la fraction obtenue $\frac{7}{3}$, est le quadruple de la première; en effet, la démonstration précédente prouve que $\frac{7}{12}$ est le quart de $\frac{7}{3}$, $\frac{7}{3}$ est donc le quadruple de $\frac{7}{12}$.

140. REMARQUE. Pour multiplier une fraction par un nombre entier, on peut (138) multiplier son numérateur ou (139) diviser son dénominateur par ce nombre entier. Le premier procédé est toujours applicable; mais le second exige que le dénominateur soit divisible par le multiplicateur considéré.

Pour diviser une fraction par un nombre entier, il faut (139) multiplier son dénominateur ou (138) diviser son numérateur par ce nombre entier. Le premier procédé est toujours applicable; mais le second exige que le numérateur soit divisible par le diviseur considéré.

141. THÉORÈME IV. *On ne change pas la valeur d'une fraction en multipliant ou divisant ses deux termes par un même nombre.*

Soit la fraction $\frac{9}{15}$; en divisant son numérateur par 3, on obtient $\frac{3}{15}$ qui est (138) le tiers de $\frac{9}{15}$, si on divise ensuite le dénominateur par 3, le résultat $\frac{3}{5}$ est (139) le triple de $\frac{3}{15}$, et, par conséquent, égal à $\frac{9}{15}$.

On prouverait, de même, qu'on n'altère pas la valeur d'une fraction en multipliant ses deux termes par un même nombre.

Simplification d'une fraction.

142. On peut (141) simplifier une fraction en divisant ses deux termes par un même nombre. Si ce nombre est leur plus grand commun diviseur, les deux termes devenant premiers entre eux ; on ne pourra plus les diminuer par le même procédé. Le théorème suivant prouve de plus, qu'il est impossible, par aucun moyen, de donner à la fraction une forme plus simple.

143. Théorème. V. *Une fraction dont les termes sont premiers entre eux, est irréductible, c'est-à-dire qu'il est impossible de l'exprimer avec des termes moindres.*

Soit par exemple la fraction $\frac{19}{28}$ dont les termes sont premiers entre eux, supposons qu'elle soit égale à une autre fraction $\frac{a}{b}$, en sorte que :

$$\frac{a}{b}=\frac{19}{28}.$$

Si on multiplie par b les deux membres de cette égalité, les produits seront égaux; nous aurons donc,

$$a=\frac{19\times b}{28}$$

a étant entier, 28 divise exactement le produit $19\times b$; mais il est premier avec 19, donc (**100**) il divise b, et l'on a, en désignant par q un quotient entier, $b=28\times q$; la valeur de a devient alors :

$$a=\frac{19\times 28\times q}{28}=19\times q;$$

Donc a et b sont plus grands que 19 et 28, et égaux à leur produit par un nombre entier q.

144. Remarque. On voit que, pour former toutes les fractions égales à une fraction donnée, il suffira de rendre celle-ci irréductible, puis de multiplier ses deux termes par la série des nombres entiers 1. 2. 3...

Exemple. Pour former toutes les fractions égales à $\frac{25}{170}$ on divisera les deux termes de cette fraction par leur plus grand commun diviseur 5, et elle deviendra $\frac{5}{34}$; $\frac{5}{34}$ étant irréductible, les seules fractions qui lui soient égales sont: $\frac{10}{68}$, $\frac{15}{102}$, $\frac{20}{136}$, etc...

Réduction de deux ou plusieurs fractions au même dénominateur.

145. *On peut toujours réduire des fractions données, à avoir le même dénominateur.* Supposons d'abord qu'il n'y en ait que deux, $\frac{5}{8}$ et $\frac{3}{11}$; on multipliera les deux termes de chacune d'elles par le dénominateur de l'autre et elles deviendront:

$$\frac{5\times 11}{8\times 11} \text{ et } \frac{3\times 8}{11\times 8},$$

qui ont même dénominateur.

S'il y a plus de deux fractions on multiplicra les deux termes de chacune d'elles par le produit des dénominateurs de toutes les autres, ce qui leur fera acquérir un dénominateur commun égal au produit des dénominateurs donnés.

Exemple. Soient les fractions $\frac{5}{7}$, $\frac{3}{8}$, $\frac{3}{4}$, $\frac{1}{6}$; en appliquant le procédé indiqué, elles deviennent

$$\frac{5\times 8\times 4\times 6}{7\times 8\times 4\times 6},\ \frac{3\times 7\times 4\times 6}{8\times 7\times 4\times 6},\ \frac{3\times 7\times 8\times 6}{4\times 7\times 8\times 6},\ \frac{7\times 8\times 4}{6\times 7\times 8\times 4};$$

ou, en effectuant les multiplications:

$$\frac{960}{1344},\ \frac{504}{1344},\ \frac{1008}{1344},\ \frac{224}{1344}.$$

Plus petit dénominateur commun.

146. Si l'on rend les fractions données irréductibles, chacune d'elles ne peut être égale (**144**) qu'à des fractions dont les termes soient multiples des siens. Un dénominateur commun doit donc être à la fois multiple de tous les dénominateurs ainsi réduits, et la plus petite valeur qu'il puisse avoir est leur plus petit multiple commun. Pour que ce plus petit multiple devienne dénominateur commun, il faudra multiplier les deux termes de chaque fraction par le nombre de fois qu'il contient son dénominateur.

Exemple. Reprenons les fractions

$$\frac{5}{7},\ \frac{3}{8},\ \frac{3}{4},\ \frac{1}{6}$$

qui sont irréductibles. Le plus petit multiple de leurs dénominateurs est 168. Pour leur faire acquérir ce dénominateur, on multiplicra les deux termes de la première par $\frac{168}{7}$ ou 24; ceux de la seconde, par $\frac{168}{8}$ ou 21; ceux de la troisième, par $\frac{168}{4}$

ou 42, et ceux de la quatrième, par $\frac{168}{6}$ ou 28; elles deviendront ainsi :

$$\frac{120}{168},\ \frac{63}{168},\ \frac{114}{168},\ \frac{28}{168}.$$

Addition et soustraction des fractions.

147. *Lorsque des fractions ont même dénominateur, on les ajoute ou les soustrait en ajoutant ou soustrayant leurs numérateurs, et donnant au résultat le dénominateur commun.*

Il est évident, par exemple, que la somme des fractions $\frac{3}{7}$, $\frac{2}{7}$ et $\frac{5}{7}$ est un nombre de septièmes égal à $3+2+5$, c'est-à-dire $\frac{10}{7}$. La différence entre $\frac{12}{13}$ et $\frac{4}{13}$ est évidemment aussi un nombre de treizièmes égal à $12-4$, ou $\frac{8}{13}$.

Quelles que soient les fractions à ajouter ou soustraire, on les réduira au même dénominateur, et on opérera ensuite conformément à la règle précédente.

Soit par exemple les fractions $\frac{2}{3}$ et $\frac{3}{4}$: en les réduisant au même dénominateur, elles deviennent $\frac{8}{12}$ et $\frac{9}{12}$; leur somme est donc $\frac{17}{12}$ et leur différence $\frac{1}{12}$.

Remarque. Lorsque l'on veut ajouter ou soustraire des nombres dont quelques-uns sont entiers, on peut considérer ceux-ci comme des fractions ayant pour dénominateur l'unité, et la règle précédente ne subit aucune modification.

Multiplication des fractions.

148. Quand on prend une certaine fraction d'une grandeur, on dit qu'on la multiplie par cette fraction. La grandeur multipliée se nomme *multiplicande*, et le résultat son *produit* par la fraction qui a servi de *multiplicateur*. Ainsi, multiplier une grandeur par $\frac{2}{3}$, c'est en prendre les deux tiers. En arithmétique la grandeur à multiplier est représentée par un nombre, et l'on cherche le nombre qui exprime le produit.

Pour *multiplier deux fractions, il faut diviser le produit des numérateurs par celui des dénominateurs.* Soit à multiplier $\frac{2}{7}$ par $\frac{3}{11}$, c'est-à-dire, soit à prendre les $\frac{3}{11}$ de $\frac{2}{7}$: pour cela, on prendra le onzième et on le répétera trois fois; or le onzième de $\frac{2}{7}$

est $\frac{2}{7\times 11}$ et le triple de $\frac{2}{7\times 11}$ est $\frac{2\times 3}{7\times 11}$; telle est donc la valeur du produit.

REMARQUE I. Les nombres entiers étant des fractions dont le dénominateur est l'unité, la règle générale s'applique au cas où le multiplicande est entier.

REMARQUE II. Le produit de deux fractions ne change pas quand on intervertit les facteurs, car, d'après la règle précédente, cela revient à changer l'ordre des facteurs qui forment son numérateur et son dénominateur.

149. Le produit de plusieurs fractions se définit comme celui de plusieurs nombres entiers; c'est le résultat obtenu en multipliant les deux premières fractions, puis leur produit par la troisième, puis le nouveau produit par la quatrième, etc..... Un pareil produit est, d'après la règle précédente, égal au produit de tous les numérateurs divisé par celui de tous les dénominateurs. Quel que soit l'ordre des facteurs, son numérateur et son dénominateur seront toujours composés des mêmes facteurs entiers, par conséquent *le produit de plusieurs fractions ne change pas quand on intervertit les facteurs.*

De ce théorème on déduit les suivants, absolument comme on l'a fait quand il s'agissait des nombres entiers.

Pour multiplier un nombre par le produit de plusieurs facteurs, on peut le multiplier successivement par ces divers facteurs.

Pour multiplier un produit par un autre produit, il suffit de former un produit unique avec les facteurs du multiplicande et ceux du multiplicateur.

Dans un produit de plusieurs facteurs on peut remplacer un nombre quelconque d'entre eux par leur produit effectué.

Division des fractions.

150. Diviser une grandeur par une fraction c'est former une seconde grandeur qui, multipliée par cette fraction, reproduise la première. La grandeur divisée se nomme dividende, la fraction par laquelle on la divise se nomme diviseur, et le résultat de l'opération s'appelle quotient. En arithmétique la grandeur à diviser est représentée par un nombre, et on cherche le nombre qui représente le quotient.

Pour diviser une grandeur par une fraction, il suffit de la multiplier par la fraction diviseur renversée.

Soit, par exemple, à diviser par $\frac{4}{7}$, une grandeur que j'appelle A; par définition, A est égal à quatre fois le septième du quotient. Ce septième est donc le quart de A, et par conséquent, le quotient est les sept quarts de A, ou le produit de A par la fraction, $\frac{7}{4}$. *Ce qu'il fallait démontrer.*

D'après cela, pour diviser un *nombre* entier ou fractionnaire par une fraction, il suffit de le multiplier par la fraction renversée.

EXEMPLE. $\frac{5}{7}$ divisé par $\frac{3}{11}$ donne pour résultat $\frac{5}{7}\times\frac{11}{3}$ ou $\frac{55}{21}$.

151. REMARQUE. Les mots multiplication et division appliqués aux fractions, sont évidemment détournés de leur sens étymologique, dans lequel multiplier signifie prendre plusieurs fois, et diviser, partager en plusieurs parties. Pour montrer que néanmoins ces opérations sont complétement analogues à celles qui se rapportent aux nombres entiers, il suffira d'examiner le sens des définitions données (**148**, **150**) dans le cas d'un multiplicateur ou d'un diviseur entier, mis sous forme de fraction, $\frac{6}{2}$ par exemple.

Multiplier une grandeur par $\frac{6}{2}$ (**148**), c'est en prendre 6 fois la moitié, c'est-à-dire le triple.

Diviser une grandeur par $\frac{6}{2}$ (**150**), c'est trouver une seconde grandeur dont la première soit les $\frac{6}{2}$, c'est-à-dire le triple; cette seconde grandeur est évidemment le tiers de la première.

Dans les deux cas, la coïncidence des deux définitions est évidente.

Applications de la théorie des fractions.

152. 1° Un poteau vertical est partagé en quatre parties. La première est le $\frac{1}{3}$, la seconde le $\frac{1}{4}$, et la troisième les $\frac{2}{7}$ de sa hauteur totale; la quatrième à $\frac{5}{11}$ de mètre. Quelle est la hauteur de ce poteau?

Les trois premières parties réunies forment $\frac{1}{3}+\frac{1}{4}+\frac{2}{7}$ ou $\frac{53}{84}$ de la hauteur totale. La quatrième en est donc, à elle seule, les $\frac{31}{84}$; et puisqu'elle a $\frac{5}{11}$ de mètre, les $\frac{31}{84}$ du poteau ont $\frac{5}{11}$ de mètre, c'est-à-dire que la hauteur du poteau multipliée par $\frac{31}{84}$ donne pour produit $\frac{5}{11}$ de mètre. Cette hauteur est donc le quotient de la division de $\frac{5}{11}$ de mètre par $\frac{31}{84}$, et elle est exprimée par :

$$\left(\frac{5}{11}\right)^{m} \times \frac{84}{31} = \frac{420}{341} = 1^{m} + \frac{79}{341}^{m}.$$

2° Une balle élastique rebondit à une hauteur égale aux $\frac{2}{9}$ de celle dont elle est tombée ; après avoir rebondi trois fois, elle s'élève à une hauteur de $\frac{13}{16}$ de mètre ; de quelle hauteur est elle tombée primitivement ?

La balle ayant rebondi trois fois, la hauteur à laquelle elle s'élève est égale à celle dont elle est primitivement tombée, multipliée trois fois par le facteur $\frac{2}{9}$, c'est-à-dire par $\frac{2}{9} \times \frac{2}{9} \times \frac{2}{9}$ ou $\frac{8}{729}$. Les $\frac{8}{729}$ de la hauteur cherchée sont donc $\frac{13}{16}$ de mètre, et cette hauteur est par conséquent égale au quotient de la division de $\frac{13}{16}^{m}$ par $\frac{8}{729}$ ou $\frac{13 \times 729}{8 \times 16} = \frac{9477}{128} = 74^{m} + \frac{5}{128}$.

3° Un robinet versant de l'eau d'une manière continue, peut remplir un certain bassin en $\frac{7}{5}$ d'heure. Un second robinet peut le remplir en $\frac{7}{3}$ d'heure ; combien de temps, les deux robinets coulant ensemble mettront-ils à le remplir ?

Le premier robinet remplit le bassin en $\frac{7}{5}$ d'heure. La capacité du bassin est donc les $\frac{7}{5}$ de ce qu'il peut remplir en 1 heure, et il remplirait par conséquent dans ce temps, le quotient de la capacité du bassin par $\frac{7}{5}$, c'est-à-dire les $\frac{5}{7}$ du bassin.

On verrait de même que le second robinet, en une heure, peut remplir les $\frac{3}{7}$ du bassin.

Les deux robinets versent donc, à eux deux, pendant une heure, les $\frac{8}{7}$ de ce qu'il faudrait pour remplir le bassin, et 1 heure est par conséquent les $\frac{8}{7}$ du temps nécessaire pour le remplir, c'est-à-dire que ce temps est le quotient de la division d'une heure par $\frac{8}{7}$, ou $\frac{7}{8}$ d'heure.

Les solutions précédentes exigent, pour être bien comprises, que l'on ait une idée nette de ce que c'est que multiplier ou diviser une grandeur par une fraction, mais c'est la seule difficulté qu'elles présentent.

Généralisation de la théorie des fractions.

153. On peut mettre le quotient de la division de deux nombres entiers sous forme de fraction, en les écrivant l'un audessous de l'autre et les séparant par une barre horizontale.

On applique souvent cette notation à des nombres qui ne sont pas entiers; par exemple, pour indiquer le quotient de la division de $\frac{5}{7}$ par $\frac{3}{4}$, on écrit $\frac{(\frac{5}{7})}{(\frac{3}{4})}$, et, par extension, on donne le nom de fractions à de semblables expressions.

Il est important de faire voir que toutes les règles relatives au calcul des fractions, s'y appliquent sans exception. Pour plus de brièveté dans l'écriture, nous désignerons les numérateurs et dénominateurs fractionnaires de ces expressions par les lettres a et b.

Théorème VII. *On peut multiplier, par un même nombre entier ou fractionnaire, les deux termes d'une expression de la forme* $\left(\frac{a}{b}\right)$.

Soit m un nombre quelconque, il faut prouver que :

$$\frac{a}{b}=\frac{a\times m}{b\times m}.$$

Désignons par une lettre unique q, la valeur du quotient $\frac{a}{b}$. (Quoique a et b soient fractionnaires, q sera toujours égal à une fraction à termes entiers, car le quotient de la division de deux fractions est une fraction.)

On aura, par définition :

$$a=q\times b.$$

Multipliant les deux membres de cette égalité par le nombre m, on aura (149),

$$a\times m=q\times b\times m=q\times(b\times m).$$

Or, cette nouvelle égalité exprime que q est le quotient de la division de $a\times m$ par $b\times m$, on a donc

$$q=\frac{a\times m}{b\times m}.$$

C'est précisément ce qu'il fallait démontrer.

Remarque. D'après le théorème précédent, on pourra réduire plusieurs expressions de la forme $\frac{a}{b}$ aux mêmes dénominateurs absolument comme s'il s'agissait de fractions à termes entiers. On en déduira le moyen de faire l'addition ou la soustraction de ces expressions.

154. THÉORÈME VIII. *Le produit de deux expressions de la forme* $\frac{a}{b}$, $\frac{c}{d}$ *est égal au produit des numérateurs, divisé par celui des dénominateurs.*

Nommons q et q' les fractions à termes entiers, qui sont égales à $\frac{a}{b}$ et $\frac{c}{b}$, on aura

$$\frac{a}{b}=q, \ \frac{c}{d}=q'.$$

Or, par définition,

$$a=q\times b \quad c=q'\times d.$$

Le produit des premiers membres, doit être égal au produit des seconds, on aura donc (149)

$$a\times c=(q\times b)\times(q'\times d)=q\times q'\times(b\times d).$$

Ce qui exprime que le produit $q\times q'$ est égal au quotient de la division de $a\times c$ par $b\times d$, c'est-à-dire que

$$q\times q'=\frac{a\times c}{b\times d}.$$

C'est précisément ce qu'il fallait démontrer.

155. THÉORÈME IX. *Pour diviser une grandeur par une expression de la forme* $\frac{a}{b}$, *il suffit de la multiplier par l'expression renversée* $\frac{b}{a}$

Soit A une grandeur à diviser par $\frac{a}{b}$, il faut trouver une seconde grandeur Q, qui, multipliée par $\frac{a}{b}$, reproduise A ; on doit donc avoir

$$A=Q\times\frac{a}{b},$$

ou, en multipliant les deux membres de cette égalité par l'expression $\frac{b}{a}$

$$A \times \frac{b}{a} = Q \times \frac{a}{b} \times \frac{b}{a} = Q \times \left(\frac{a \times b}{b \times a}\right) = Q.$$

C'est précisément ce qu'il fallait démontrer.

RÉSUMÉ.

132. Définition des fractions. — **133.** Les fractions peuvent être plus grandes que l'unité. — **134.** Les nombres entiers peuvent être considérés comme des fractions, et cela, d'une infinité de manières. — **135.** Une fraction est le quotient de la division de son numérateur par son dénominateur. — **136.** Le quotient exact de la division de deux nombres entiers est égal à un nombre entier augmenté d'une fraction moindre que 1; on peut faire subir la même transformation à une fraction plus grande que l'unité. — **137.** Le produit d'une fraction par son dénominateur est égal à son numérateur. — **138.** Si on multiplie ou divise le numérateur d'une fraction par un nombre entier, la fraction est multipliée ou divisée par ce nombre. — **139.** Si on multiplie ou divise le dénominateur d'une fraction par un nombre entier, la fraction est divisée ou multipliée par ce nombre. — **140.** Les deux théorèmes précédents donnent le moyen de multiplier ou diviser une fraction par un nombre entier. — **141.** On ne change pas la valeur d'une fraction en divisant ou multipliant ses deux termes par un même nombre. — **142.** Simplification d'une fraction. En divisant les deux termes d'une fraction par leur plus grand commun diviseur, ses deux termes deviennent premiers entre eux. — **143.** La fraction devient alors irréductible, c'est-à-dire qu'il est impossible de l'exprimer avec des termes moindres. — **144.** Formation des fractions égales à une fraction donnée. — **145.** Réduction de deux ou plusieurs fractions au même dénominateur. — **146.** Le plus petit dénominateur commun de plusieurs fractions irréductibles est le plus petit multiple commun de leurs dénominateurs. — **147.** Addition et soustraction des fractions. — **148.** Multiplication des fractions. Il est inutile de traiter à part le cas où le multiplicande est entier. Le produit de deux fractions ne change pas quand on intervertit les facteurs. — **149.** Les conséquences de ce principe sont les mêmes que dans le cas des facteurs entiers. — **150.** Division des fractions; pour diviser une grandeur par une fraction, il suffit de la multiplier par la fraction renversée. — **151.** Les définitions de la multiplication et de la division appliquées aux fractions sont d'accord avec celles qui ont été données pour les nombres entiers. — **152.** Applications de la théorie des fractions. — 153. Généralisation de la théorie des fractions; tous les théorèmes qui composent cette théorie s'étendent aux expressions fractionnaires, qui ont pour dénominateur une fraction et pour numérateur une autre fraction.

EXERCICES.

I. La population de l'Asie est, suivant un statisticien, les $\frac{13}{7}$ de celle de l'Europe; celle de l'Afrique en est les $\frac{3}{11}$ et celle de l'Amérique les $\frac{13}{77}$. En supposant que la population de l'Asie soit de 390257000 habitants, calculer celle des autres parties du monde.

II. La mer recouvre les $\frac{11}{15}$ de la surface du globe. La surface de l'Asie est les $\frac{121}{27}$ de celle de l'Europe, celle de l'Afrique en est les $\frac{22}{7}$, celle de l'Amérique les $\frac{111}{29}$, et celle de l'Océanie les $\frac{31}{27}$. Supposant que la surface de l'Afrique soit de 2970000000 d'hectares, calculer celle des autres parties du monde et en déduire la surface totale du globe.

III. Si l'on ajoute un même nombre aux deux termes d'une fraction, le résultat sera compris entre l'unité et la fraction elle-même, en sorte que la fraction augmentera si elle est moindre que 1, et diminuera dans le cas contraire.

IV. La somme des numérateurs de plusieurs fractions, divisée par celle de leurs dénominateurs, est comprise entre la plus grande et la plus petite de ces fractions.

V. Deux fractions irréductibles ne peuvent avoir pour somme un nombre entier que si elles ont même dénominateur.

VI. La somme de trois fractions irréductibles ne peut être un nombre entier, si l'un des trois dénominateurs contient un facteur premier qui ne divise aucun des deux autres.

VII. Si on range par ordre de grandeur toutes les fractions irréductibles moindres que l'unité, dont le dénominateur est inférieur à un nombre donné, les fractions à égale distance des extrêmes auront le même dénominateur et leur somme sera l'unité.

VIII. Si l'on considère les fractions $\frac{1}{2}$, $\frac{1}{2\times3}$, $\frac{1}{3\times4}$, $\frac{1}{4\times5}$, $\frac{1}{5\times6}$, $\frac{1}{6\times7}$, etc., prouver que la somme des n premières est moindre que l'unité et en diffère d'une quantité égale à $\frac{1}{n+1}$.

7

IX. Si on considère les fractions $\frac{1}{2}$, $\frac{1}{3}$, $\frac{1}{4}$, $\frac{1}{5}$, $\frac{1}{6}$, etc., on pourra en prendre un assez grand nombre pour que leur somme surpasse un nombre quelconque aussi grand qu'on le voudra.

X. Vérifier que l'on a, quel que soit le nombre entier n,

$$\frac{1}{3}+\frac{1}{3\times5}+\frac{1}{5\times7}+\frac{1}{7\times9}+\ldots\frac{1}{(2n+1)\times(2n+3)}=\frac{n+1}{2n+3}.$$

XI. Si A et B sont deux nombres entiers quelconques que l'on divise l'un par l'autre, P étant le quotient et R le reste, on aura

$$\frac{B}{A}=P+\frac{R}{A}.$$

Posons de même

$$\frac{B}{R}=P_1+\frac{R_1}{R},$$
$$\frac{B}{R_1}=P_2+\frac{R_2}{R_1},$$

et ainsi de suite jusqu'à ce qu'on trouve une division qui réussisse, prouver que l'on a

$$\frac{A}{B}=\frac{1}{P}-\frac{1}{PP_1}+\frac{1}{PP_1P_2}-\frac{1}{PP_1P_2P_3}+\text{etc.}$$

CHAPITRE IX.

THÉORIE GÉNÉRALE DES DIVISEURS ET DES MULTIPLES COMMUNS.

Définitions.

186. Une grandeur est dite *multiple* d'une autre lorsqu'elle la contient un nombre entier de fois. La seconde est alors un *diviseur* de la première.

D'après cette définition, une grandeur a pour multiples : elle-même, son double, son triple, son quadruple..., et pour diviseurs : elle-même, sa moitié, son tiers, son quart, etc...

Exemple. Cinq minutes a pour multiples : dix minutes, quinze minutes, vingt minutes, etc., et pour diviseurs : cinq minutes, deux minutes et demie, une minute deux tiers, etc.

Un nombre est le multiple d'un autre quand il le contient un nombre entier de fois, il est son diviseur, s'il y est contenu, au contraire, un nombre entier de fois.

Exemple. Les multiples de $\frac{5}{7}$ sont : $\frac{5}{7}$, $\frac{10}{7}$, $\frac{15}{7}$, $\frac{20}{7}$, etc...

Et ses diviseurs : $\frac{5}{7}$, $\frac{5}{14}$, $\frac{5}{21}$, $\frac{5}{28}$, $\frac{5}{35}$, etc...

Remarque. Les nombres premiers n'ont pas (98) d'autres diviseurs entiers qu'eux-mêmes et l'unité, mais ils ont une infinité de diviseurs fractionnaires, par exemple les diviseurs de 7 sont 7, $\frac{7}{2}$, $\frac{7}{3}$, $\frac{7}{4}$, $\frac{7}{5}$, $\frac{7}{6}$, $\frac{7}{7}$ ou 1 etc...

Reste de la division de deux nombres.

187. Le reste d'une division est l'excès du dividende sur le plus grand multiple du diviseur qu'il contienne, c'est-à-dire sur le produit du diviseur par la partie entière du quotient.

Exemple. $\frac{9}{2}$ divisé par $\frac{2}{7}$, donne pour quotient $\frac{63}{4}$ ou $15\frac{3}{4}$, le reste de cette division est donc : $\frac{9}{2} - \frac{2}{7} \times 15$ et comme $\frac{9}{2}$ est égal à $\frac{2}{7} \times 15 + \frac{2}{7} \times \frac{3}{4}$, cette différence est égale à $\frac{2}{7} \times \frac{3}{4}$ ou $\frac{3}{14}$. En général, *le reste d'une division est le produit du diviseur par l'excès du quotient exact sur sa partie entière.*

Théorèmes relatifs à la divisibilité des nombres quelconques.

158. THÉORÈME I. *Tout nombre, qui divise exactement toutes les parties d'une somme, divise aussi cette somme.*

La somme se composant en effet de parties égales à un nombre entier de fois le diviseur, le contiendra elle-même un nombre entier de fois, car la somme de plusieurs nombres entiers est un nombre entier.

159. THÉORÈME II. *Tout nombre qui en divise un autre divise ses multiples.*

Car les multiples d'un nombre pouvant s'obtenir en l'ajoutant à lui-même un certain nombre de fois, il est clair que ses diviseurs divisent toutes les parties d'une somme ainsi formée, et par suite (158) la somme elle-même.

160. THÉORÈME III. *Tout nombre qui en divise exactement deux autres, divise leur différence.*

Les deux termes de cette différence contenant en effet un nombre entier de fois le diviseur, il en sera de même de la différence, car la différence de deux nombres entiers est un nombre entier.

161. THÉORÈME IV. *Tout nombre qui divise une somme et l'une de ses parties, divise l'autre partie.*

Ce théorème ne diffère du précédent que par la forme de l'énoncé, car la seconde partie peut être considérée comme la différence entre la somme entière et l'autre partie.

Théorie générale des diviseurs communs.

162. Un nombre qui en divise exactement deux autres se nomme leur diviseur commun.

EXEMPLE. $\frac{5}{8}$ est un diviseur commun de $\frac{5}{4}$ et $\frac{15}{8}$, car il est contenu deux fois dans l'un et trois fois dans l'autre.

Quand une grandeur est contenue un nombre exact de fois, dans deux autres, on dit qu'elle est leur *diviseur commun* ou leur *commune mesure*. La seconde locution est presque exclusivement adoptée.

Il est quelquefois utile de connaître les diviseurs communs à deux nombres, et notamment le plus grand d'entre eux que l'on nomme leur plus grand commun diviseur.

Nous avons déjà exposé (Chap. VII), ce qui concerne la recherche des diviseurs communs à deux ou plusieurs nombres entiers. Nous allons étendre cette théorie au cas de nombres et de diviseurs quelconques.

Remarque. Les résultats relatifs aux nombres abstraits s'appliqueront, comme toujours, aux grandeurs qu'ils représentent. Ainsi, en disant : Le plus grand commun diviseur de 10 et 15 est 5, on exprime à la fois que : la plus grande commune mesure de 10 *mètres* et 15 *mètres* est 5 *mètres*, la plus grande commune mesure de 10 *tiers de mètre* et 15 *tiers de mètre* est 5 *tiers de mètres*, etc...

103. Théorème V. *Si deux nombres sont divisibles l'un par l'autre, le plus petit des deux est leur plus grand commun diviseur.*

Soient les nombres $\frac{6}{7}$ et $\frac{3}{35}$; ils sont divisibles l'un par l'autre, car le premier est égal à dix fois le second. Un de leurs diviseurs communs est $\frac{3}{35}$; les autres, devant diviser $\frac{3}{35}$, lui sont tous inférieurs; $\frac{3}{35}$ est donc le plus grand commun diviseur.

104. Théorème VI. *Deux nombres ont le même plus grand commun diviseur que le plus petit d'entre eux et le reste de leur division.*

Soient les nombres $\frac{73}{8}$ et $\frac{2}{3}$, le quotient exact de leur division est $\frac{219}{16}$ ou $13+\frac{11}{16}$, le reste est donc (157) $\frac{11}{16}\times\frac{2}{3}$ ou $\frac{11}{24}$, et l'on a

$$\frac{73}{8}=\frac{2}{3}\times 13+\frac{11}{24}.$$

Il résulte de cette égalité :

1° Que tous les diviseurs communs à $\frac{73}{8}$ et $\frac{2}{3}$ divisent $\frac{11}{24}$.

Ces nombres, divisant en effet $\frac{2}{3}$, divisent son multiple $\frac{2}{3}\times 13$, divisant par conséquent une somme $\frac{73}{8}$ et l'une de ses parties $\frac{2}{3}\times 13$, ils divisent (161) l'autre partie qui est $\frac{11}{24}$.

2° Tous les diviseurs communs à $\frac{2}{3}$ et $\frac{11}{24}$ divisent $\frac{73}{8}$.

Car ces nombres divisant $\frac{2}{3}$ divisent son multiple $\frac{2}{3}\times 13$, divisant par conséquent les deux parties d'une somme, $13\times\frac{2}{3}$ et $\frac{11}{24}$, ils divisent (160) cette somme elle-même ou $\frac{73}{8}$.

Ainsi donc,

Tous les diviseurs communs à $\frac{73}{8}$ et $\frac{2}{3}$ divisent $\frac{11}{24}$, et par conséquent, $\frac{11}{24}$ et $\frac{2}{3}$.

Tous les diviseurs communs à $\frac{11}{24}$ et $\frac{2}{3}$ divisent $\frac{73}{8}$, et par conséquent, $\frac{73}{8}$ et $\frac{2}{3}$.

Ces propositions réunies démontrent que les diviseurs communs à $\frac{11}{24}$ et $\frac{2}{3}$ ou à $\frac{73}{8}$ et $\frac{2}{3}$ sont absolument les mêmes, et que, par conséquent, le plus grand des uns est le même que le plus grand des autres. C'est précisément ce qu'il fallait démontrer.

Recherche du plus grand commun diviseur de deux nombres entiers ou fractionnaires.

105. Le théorème précédent permet de remplacer les deux nombres dont on cherche le plus grand commun diviseur par d'autres plus petits. Ceux-ci pourront eux-mêmes être remplacés par d'autres plus petits encore; et ainsi de suite, jusqu'à ce qu'on soit conduit à deux nombres divisibles l'un par l'autre, le plus petit des deux sera alors (**103**) leur plus grand commun diviseur.

Nous sommes donc conduits à la règle suivante :

Pour chercher le plus grand commun diviseur de deux nombres entiers ou fractionnaires, on divise le plus grand par le plus petit, puis le plus petit par le reste de cette division, et on continue ainsi à diviser chaque diviseur par le reste correspondant jusqu'à ce qu'une de ces divisions se fasse exactement, le dernier des diviseurs employés est alors le plus grand commun diviseur cherché.

Pour que cette règle conduise au résultat, il faut que le reste de l'une des divisions divise exactement le diviseur. Pour montrer qu'il en est toujours ainsi, quelles que soient les fractions sur lesquelles on opère, nous établirons quelques théorèmes préliminaires.

106. Théorème VII. *Deux fractions ont toujours un plus grand commun diviseur.*

Soient les fractions $\frac{2}{15}$ et $\frac{8}{21}$, on peut les réduire au même dénominateur et les mettre sous la forme $\frac{42}{315}$ et $\frac{120}{315}$; $\frac{1}{315}$ est donc un diviseur commun, puisqu'il est contenu 42 fois dans l'une et

120 fois dans l'autre. L'existence d'un diviseur commun prouve évidemment celle d'un plus grand commun diviseur.

107. Théorème VIII. *En opérant conformément à la règle donnée (105) pour la recherche du plus grand commun diviseur, on trouve une série de restes dont chacun est moindre que la moitié de celui qui le précède de deux rangs.*

Désignons en effet, par R, un reste de rang quelconque, et par R_1, le reste suivant. Si, conformément à la règle générale, on divise R par R_1, on aura un quotient entier et un reste R_2; nous voulons prouver que R_2 est moindre que la moitié de R.

Si R_1 est moindre que la moitié de R, R_2 l'est à plus forte raison, car les restes vont en diminuant. Il suffit donc de traiter le cas où R_1 est plus grand que la moitié de R; dans ce cas, R ne contenant qu'une fois R_1, le reste R_2 de leur division est la différence $R - R_1$; or, l'excès de R sur un nombre R_1 plus grand que sa moitié est évidemment moindre que cette moitié.

Remarque. La démonstration précédente prouve aussi que le second reste est moindre que la moitié du plus petit des nombres donnés.

108. Théorème IX. *La règle indiquée (105) pour la recherche du plus grand commun diviseur de deux fractions conduira toujours, après un certain nombre d'opérations, à deux restes divisibles l'un par l'autre, et fournira, par conséquent, toujours le plus grand commun diviseur.*

Soient A et B les deux fractions sur lesquelles on opère; le second reste (107) est moindre que $\frac{B}{2}$, le quatrième moindre que $\frac{B}{4}$, le sixième moindre que $\frac{B}{8}$, etc. Si donc l'opération n'avait pas de fin, les restes décroîtraient sans limite, ce qui est impossible, car ils doivent tous être divisibles (104) par le plus grand commun diviseur des deux fractions A et B, et par conséquent plus grands que lui; il faut donc nécessairement que l'opération s'arrête.

109. Théorème X. *Le plus grand commun diviseur de deux nombres entiers est un nombre entier.*

La méthode générale (165) s'applique à la recherche du plus grand commun diviseur de deux nombres quelconques entiers ou fractionnaires. Dans le cas de deux nombres entiers, elle ne diffère pas de celle qui a été exposée (chap. VI); par conséquent, le plus grand commun diviseur de deux nombres entiers, trouvé par la méthode du chapitre VI, est le plus grand de tous les diviseurs entiers ou fractionnaires, et comme il est évidemment entier, la proposition est démontrée.

170. Théorème XI. *Tout nombre qui en divise deux autres divise leur plus grand commun diviseur.*

Ce théorème ne diffère du précédent que par la forme de l'énoncé. Quand on dit, en effet, que le plus grand commun diviseur de deux nombres entiers est un nombre entier, cela signifie qu'entre deux nombres entiers de fois une unité, le plus grand commun diviseur est un nombre entier de fois cette unité; mais, comme nous l'avons remarqué plusieurs fois, le mot unité représente une grandeur tout à fait arbitraire; on peut donc dire : le plus grand commun diviseur entre deux nombres entiers de fois une grandeur, est un nombre entier de fois cette grandeur, ou encore : si une grandeur en divise deux autres, elle divise leur plus grand commun diviseur, ce qui devient identique au théorème énoncé, quand on remplace les grandeurs par les nombres qui les représentent.

171. Remarque I. La réciproque du théorème précédent est évidente; *tout nombre qui divise le plus grand commun diviseur de deux autres, divise ces deux autres*; car les deux nombres sont des multiples de leur plus grand commun diviseur, et tout nombre qui en divise un autre divise (159) ses multiples. Ainsi donc,

Tout nombre qui en divise deux autres A et B, divise leur plus grand commun diviseur D, et tout nombre qui divise D divise A et B.

Il résulte de ces deux proportions réunies, *que les diviseurs communs à deux nombres sont les mêmes que ceux de leur plus grand commun diviseur.*

172. Remarque II. De la proposition précédente on déduira, comme dans le cas des nombres entiers (87), le moyen de trouver le plus grand commun diviseur de trois nombres.

173. THÉORÈME XII. *Si on multiplie deux nombres par un troisième, le plus grand commun diviseur est multiplié par ce troisième.*

Supposons, par exemple, qu'on ait trouvé $\frac{3}{7}$ pour plus grand commun diviseur de $\frac{6}{7}$ et $\frac{9}{7}$, cela veut dire que $\frac{3}{7}$ d'*unités* sont le plus grand commun diviseur entre $\frac{6}{7}$ d'unités et $\frac{9}{7}$ d'unités; l'unité représentant une grandeur tout à fait arbitraire, on peut dire qu'entre les $\frac{6}{7}$ et les $\frac{9}{7}$ d'une même grandeur le plus grand commun diviseur est les $\frac{3}{7}$ de cette grandeur, en supposant par conséquent que cette grandeur soit représentée par un nombre entier ou fractionnaire m, le plus grand commun diviseur entre $m\times\frac{6}{7}$ et $m\times\frac{9}{7}$ est égal à $m\times\frac{3}{7}$. C'est précisément ce qu'il fallait démontrer.

Autre manière de chercher le plus grand commun diviseur de deux ou plusieurs fractions.

174. *Pour chercher le plus grand commun diviseur de deux ou plusieurs fractions, on peut les réduire au même dénominateur, chercher ensuite le plus grand commun diviseur de leurs numérateurs, et le diviser par le dénominateur commun.*

Pour démontrer cette règle, supposons que les fractions réduites au même dénominateur soient $\frac{6}{14}$ et $\frac{9}{14}$; le plus grand commun diviseur entre 6 unités et 9 unités est 3 unités. Or, le mot unité représentant une grandeur quelconque, on peut dire que le plus grand commun diviseur entre six fois une grandeur et neuf fois la même grandeur est trois fois cette grandeur. Si on suppose que cette grandeur soit exprimée par $\frac{1}{14}$, on en conclut que le plus grand commun diviseur de $\frac{6}{14}$ et $\frac{9}{14}$ est $\frac{3}{14}$.

175. REMARQUE. Les propositions précédentes comprennent implicitement le théorème relatif aux fractions irréductibles démontré (**143**).

Une fraction dont les termes sont premiers entre eux est irréductible, et les termes des fractions qui lui sont égales sont multiples des siens.

Soit en effet la fraction $\frac{5}{7}$. 5 et 7 ont pour plus grand commun diviseur l'unité, le plus grand commun diviseur de cinq *septièmes* et de sept *septièmes* ou un, est par conséquent (**174**) un *septième*, et les autres diviseurs communs à $\frac{3}{7}$ et à l'unité seront (170) les diviseurs de $\frac{1}{7}$, $\frac{1}{14}$, $\frac{1}{21}$, $\frac{1}{28}$, etc..., sont donc les seuls diviseurs de l'unité contenus exactement dans $\frac{3}{7}$, et, par suite, les seuls dénominateurs possibles des fractions égales à $\frac{3}{7}$, sont : 14, 21, 28, etc....

Plus petit multiple commun de deux nombres.

176. La recherche des multiples communs se rattache très-simplement à celle des diviseurs communs. Soient, en effet, deux nombres A et B. Leurs multiples communs sont les multiples de A, divisibles par B, c'est-à-dire en désignant par m un nombre entier quelconque, les nombres de la forme mA qui sont divisibles par B. Mais si mA est divisible par B, la $m^{ième}$ partie de mA ou A, l'est par la $m^{ième}$ partie de B ou $\frac{B}{m}$ et par conséquent, $\frac{B}{m}$ est un diviseur de A; mais il est aussi diviseur de B, car il y est contenu m fois, c'est donc un diviseur commun à A et B.

Réciproquement, les diviseurs communs à A et B sont les diviseurs de B, qui divisent aussi A; c'est-à-dire en désignant par m un nombre entier, ce sont les nombres de la forme $\frac{B}{m}$ qui divisent A. Mais si $\frac{B}{m}$ divise A, m fois $\frac{B}{m}$ ou B, divise m fois A ou mA, mA est donc un multiple de B, et comme il est aussi multiple de A, c'est un multiple commun de A et de B.

On peut donc énoncer le théorème suivant :

A et B étant deux nombres quelconques, si $\frac{A}{m}$ *est un diviseur commun à ces deux nombres,* $B \times m$ *est un multiple commun, et réciproquement, si* $B \times m$ *est un multiple commun,* $\frac{A}{m}$ *est un diviseur commun.*

Les diviseurs et les multiples communs se correspondent donc deux à deux, et l'on voit que le produit de chaque diviseur par le multiple correspondant $\left(\frac{A}{m} \times B \times m\right)$ est constant et égal à

$A \times B$. L'un d'eux est par conséquent d'autant plus petit que l'autre est plus grand, et le plus petit multiple commun correspond au plus grand commun diviseur, en sorte que *le plus petit multiple commun de deux nombres est égal à leur produit divisé par leur plus grand commun diviseur.*

177. Remarque. Si $\frac{A}{m}$ est le plus grand commun diviseur de deux nombres A et B, les autres diviseurs communs sont (**170**) les diviseurs de $\frac{A}{m}$, c'est-à-dire $\frac{A}{2m}$, $\frac{A}{3m}$, $\frac{A}{4m}$, etc., il en résulte que mB étant le plus petit multiple commun, les autres seront $2mB$, $3mB$, $4mB$, etc...

Ce qui nous conduit au théorème suivant :

Les multiples communs à deux nombres sont les multiples de leur plus petit multiple commun.

On déduirait de ce théorème, pour la recherche du plus petit multiple commun à trois nombres, une règle semblable à celle qui a été donnée pour le cas de trois nombres entiers. Mais il existe une autre règle qui est d'un emploi plus rapide.

Autre moyen d'obtenir le plus petit multiple commun à deux ou plusieurs fractions.

178. *Pour trouver le plus petit multiple commun à deux ou plusieurs fractions, on peut les réduire au même dénominateur, chercher ensuite le plus petit multiple commun à leurs numérateurs et le diviser par le dénominateur commun.*

Supposons que les fractions réduites au même dénominateur soient

$$\frac{8}{36}, \frac{20}{36}, \frac{15}{36},$$

le plus petit multiple commun des numérateurs est 120; cela signifie que le plus petit multiple commun à 8 *unités*, 20 *unités* et 15 *unités* est 120 *unités*. Or, le mot unité peut représenter une grandeur quelconque, en sorte que le plus petit multiple à 8 fois, 20 fois et 15 fois une même grandeur, est 120 fois cette grandeur. Si on suppose que la grandeur soit exprimée par $\frac{1}{36}$, nous voyons que le plus petit multiple entre $\frac{8}{36}$, $\frac{20}{36}$ et $\frac{15}{36}$ est $\frac{120}{36}$.

RÉSUMÉ.

156. Définition des mots multiples et diviseurs. — **157.** Reste de la division de deux nombres. — **158.** Tout nombre qui divise toutes les parties d'une somme divise aussi la somme. — **159.** Tout nombre qui en divise un autre divise ses multiples. — **160.** Tout nombre qui en divise deux autres divise leur différence. — **161.** Tout nombre qui divise une somme et l'une de ses parties divise l'autre partie. — **162.** Définition des diviseurs communs. — **163.** Si deux nombres sont divisibles l'un par l'autre, le plus petit d'entre eux est leur plus grand commun diviseur. — **164.** Deux nombres quelconques ont le même plus grand commun diviseur que le plus petit d'entre eux et le reste de leur division. — **165.** Recherche du plus grand commun diviseur de deux nombres quelconques. Les théorèmes précédents fournissent un moyen de le trouver par une suite régulière d'opérations, mais il faut, en outre, prouver que les opérations se termineront. — **166.** Deux fractions ont toujours un plus grand commun diviseur. — **167.** Dans l'application de la règle trouvée on obtient une série de restes dont chacun est moindre que la moitié de celui qui le précède de deux rangs. — **168.** On conclut des deux propositions précédentes que les opérations de la recherche du plus grand commun diviseur se termineront toujours. — **169.** Le plus grand commun diviseur de deux nombres entiers est un nombre entier. — **170.** Tout nombre qui en divise deux autres divise leur plus grand commun diviseur. Cette proposition ne diffère réellement pas de la précédente. — **171.** Les diviseurs communs à deux nombres sont les mêmes que ceux de leur plus grand commun diviseur. — **172.** Plus grand commun diviseur de trois nombres. — **173.** Si on multiplie deux nombres par un troisième, leur plus grand commun diviseur est multiplié par ce troisième. — **174.** On peut ramener la recherche du plus grand commun diviseur de deux fractions à celle du plus grand commun diviseur de deux nombres entiers en réduisant les fractions au même dénominateur. — **175.** Les propositions précédentes font voir qu'une fraction dont les termes sont premiers entre eux est irréductible. — **176.** Plus petit multiple commun à deux nombres. A chaque multiple commun correspond un diviseur commun, et, réciproquement; le produit de chaque diviseur par le multiple correspondant est égal au produit de deux nombres, en sorte que le plus petit multiple commun correspond au plus grand commun diviseur. — **177.** Les autres multiples communs sont des multiples du plus petit; on peut en déduire un moyen de calculer le plus petit multiple de trois nombres. — **178.** Autre moyen de trouver le plus petit multiple de deux ou plusieurs fractions en les réduisant au même dénominateur.

EXERCICES.

I. Les côtés d'un rectangle sont $81^m \frac{2}{3}$ et $46^m \frac{1}{3}$, on demande quel espacement on peut donner à des colonnes équidistantes dont les centres doivent être disposés sur le contour de ce rectangle, de manière à ce que quatre d'entre eux occupent les quatre sommets; la distance de deux centres devant être comprise entre 3^m et 6^m.

II. L'aiguille des minutes, l'aiguille des heures et celle des secondes étant en même temps sur le chiffre 12 du cadran, après combien de temps ces trois aiguilles seront-elles de nouveau réunies? Pour résoudre ce problème, on cherchera d'abord à quelles époques se font les rencontres de l'aiguille des heures avec celle des minutes, puis les rencontres de l'aiguille des minutes avec celle des secondes, et pour trouver les coïncidences de ces rencontres, on sera conduit à chercher les multiples communs à deux fractions.

III. Quel est le plus grand multiple commun, inférieur à 100000, des fractions $\frac{28}{57}$, $\frac{4}{21}$ et $\frac{18}{19}$?

CHAPITRE X.

THÉORIE DES FRACTIONS DÉCIMALES.

Définitions.

179. La simplicité des calculs relatifs aux nombres entiers résulte de la loi de décroissement que suivent les unités représentées par leurs différents chiffres. Mais rien ne force à s'arrêter dans cette loi, aux unités simples, on peut, à la droite du chiffre des unités, en placer de nouveaux, dont le premier exprimera des dixièmes, le second des centièmes, le troisième des millièmes, etc., de telle sorte que chaque unité soit dix fois moindre que la précédente. Les nombres écrits de cette manière se nomment nombres décimaux ou fractions décimales; en les écrivant on place une virgule après le chiffre des unités simples; on indique ainsi où commencent ceux qui expriment des fractions d'unités.

Exemple. 375,483 signifie 375 unités, 4 dixièmes, 8 centièmes, 3 millièmes.

Manière d'énoncer un nombre décimal.

180. D'après la loi de décroissement adoptée, un chiffre de rang quelconque exprime des unités qui peuvent facilement se transformer en unités des ordres suivants. Par exemple, dans l'expression 375,483, le chiffre 4 exprime indifféremment 4 dixièmes, 40 centièmes ou 400 millièmes; le chiffre 8 exprime 8 centièmes ou 80 millièmes, et enfin, 3 exprime 3 millièmes. On peut donc énoncer ce nombre de la manière suivante : 375 unités, 483 millièmes. Les 375 unités représentant 375000 millièmes, on peut aussi lire : 375483 millièmes.

Ordinairement, pour énoncer un nombre décimal, on énonce sa partie entière, puis on convertit les trois premiers chiffres décimaux en millièmes; les trois suivants en millionièmes, etc.

EXEMPLE. 1783, 213 517 823 se lit : 1783 unités, 213 millièmes, 517 millioniêmes, 823 billonièmes.

Lorsque le nombre des chiffres décimaux n'est pas un multiple de trois on termine en énonçant les unités décimales représentées par le dernier ou l'ensemble des deux derniers chiffres.

EXEMPLE. 37,514 217 83 se lit : 37 unités 514 millièmes, 217 millionièmes, 83 cent millionièmes.

101. REMARQUE I. L'ordre des unités exprimées par un chiffre dépendant seulement de son rang à partir de la virgule, on peut, sans changer la valeur d'un nombre décimal, écrire des zéros à sa droite. On pourra ainsi rendre le nombre de ses chiffres décimaux divisible par 3, et le décomposer, dans tous les cas, en unités, millièmes, millionièmes, etc.

102. REMARQUE II. Pour rendre un nombre décimal, dix, cent, mille.... fois plus grand ou plus petit, il suffit de déplacer la virgule d'un, deux, trois rangs vers la droite ou vers la gauche. Chaque chiffre, en effet, exprimera ainsi une valeur, dix, cent, mille fois plus grande ou plus petite. Si le nombre des chiffres ne permettait pas ce transport de la virgule, on le rendrait possible en écrivant des zéros à la droite des chiffres décimaux ou à la gauche de la partie entière.

EXEMPLE. Soit 75,342 à diviser par 1000000. On reculera la virgule de six rangs vers la gauche, après l'avoir écrit de la manière suivante :

0000075,342

il deviendra

0,000075342

Pour multiplier le même nombre par un million, on avancera la virgule de six rangs vers la droite après l'avoir écrit de la manière suivante :

75,342000

et il deviendra

75342000

103. THÉORÈME. *Une unité décimale d'un certain ordre est toujours plus grande que la somme des nombres exprimés par les chiffres qui la suivent.*

Si l'on écrit par exemple :

$$0,3478....$$

quel que soit le nombre des chiffres qui suivent 8, leur ensemble n'exprimera pas un dix millième. Supposons, en effet, pour avoir la plus grande somme possible, que tous ces chiffres soient des 9 ; le premier exprimera 9 cent millièmes, ou un cent millième de moins qu'un dix millième ; le suivant exprimera 9 millionièmes, ou un millionième de moins qu'un cent millième ; le suivant, 9 dix millionièmes, ou un dix millionième de moins qu'un millionième. En général, chaque chiffre n'exprimant que les $\frac{9}{10}$ de ce qu'il faudrait pour compléter un dix millième, cette somme ne sera jamais complétée.

La remarque précédente est importante ; on en conclut qu'un même nombre ne peut pas s'exprimer de deux manières différentes en fractions décimales. Si, en effet, deux chiffres décimaux sont différents, leur différence exprimera au moins une unité décimale de l'ordre qui leur correspond, et ne pourra pas être compensée par une différence en sens inverse entre les chiffres suivants.

Transformation d'un nombre décimal en fraction ordinaire.

184. Soit, par exemple, le nombre décimal 75,32178, dont le dernier chiffre exprime des cent millièmes, on peut (180) le lire : 7532178 cent millièmes ; il est donc égal à

$$\frac{7532178}{100000}.$$

En général, *pour transformer un nombre décimal en fraction ordinaire, il faut supprimer la virgule et diviser le nombre entier ainsi obtenu, par l'unité, suivie d'autant de zéros qu'il y a de chiffres après la virgule.*

Exemple. 7,454 est égal à $\frac{7454}{1000}$.

Réciproquement, pour écrire sous forme de nombre décimal une fraction dont le dénominateur est l'unité suivie d'un certain nombre de zéros, *il suffit de séparer par une virgule, à la droite de son numérateur, autant de chiffres qu'il y a de zéros au dénominateur.* Si le numérateur n'avait pas assez de chiffres, on placerait à sa gauche plusieurs zéros qui, sans changer sa valeur, rendraient l'opération possible.

Exemple. $\frac{7}{1000}$ est égal à 0,007.

Addition et soustraction des nombres décimaux.

185. Pour ajouter ou soustraire l'un de l'autre deux nombres décimaux, on fait en sorte qu'ils aient le même nombre de chiffres après la virgule, en écrivant s'il le faut un ou plusieurs zéros à la droite de l'un d'eux. On les place ensuite l'un au-dessous de l'autre, de manière à ce que les virgules se correspondent. On opère alors comme si les nombres étaient entiers, sans qu'il y ait aucune différence, soit dans la pratique, soit dans la théorie de l'opération. On peut remarquer seulement que, dans l'addition, les zéros placés à la droite de l'un des nombres décimaux ne jouent aucun rôle, et qu'on peut se dispenser de les écrire; ces zéros sont également inutiles dans la soustraction, toutes les fois que c'est au plus petit des deux nombres qu'on doit les ajouter.

Multiplication des nombres décimaux.

186. *Pour multiplier l'un par l'autre deux nombres décimaux, on fait le produit comme s'il n'y avait pas de virgules, et on sépare à sa droite autant de chiffres décimaux qu'il y en a dans les deux nombres réunis.*

On peut, en effet (**184**), considérer les deux nombres décimaux comme deux fractions ayant pour dénominateur des puissances de dix, et leur appliquer la règle de multiplication des fractions. Le produit des numérateurs est le produit des nombres entiers obtenus par la suppression des virgules. Pour le diviser par le produit des dénominateurs, il suffit (**182**) de séparer à sa droite autant de chiffres qu'il y a de zéros dans les deux dénominateurs, c'est-à-dire autant qu'il y a de chiffres décimaux dans le multiplicateur et le multiplicande réunis, ce qui est précisément la règle énoncée.

Exemple. Pour multiplier 37,245 par 0,05, on multipliera

37245 par 5, et l'on séparera cinq chiffres décimaux à la droite du résultat.

Division des nombres décimaux.

187. *Pour diviser deux nombres décimaux l'un par l'autre, on les ramène à avoir le même nombre de chiffres après la virgule, en écrivant, s'il le faut, des zéros à la droite de l'un d'eux; on supprime ensuite la virgule et on fait la division des nombres entiers ainsi obtenus.*

Le dividende et le diviseur, ramenés à avoir le même nombre de chiffres décimaux, peuvent être, en effet, considérés (184) comme deux fractions de même dénominateur, et alors, pour les diviser, il suffit évidemment de diviser les numérateurs, qui sont précisément les nombres entiers obtenus par la suppression de la virgule.

Exemple. Pour diviser 0,75 par 2,004, on divisera 750 par 2004.

Évaluation approchée des grandeurs et des nombres.

188. Évaluer une grandeur à une grandeur donnée près, c'est trouver le plus grand multiple de la seconde qui soit contenu dans la première. Par exemple : évaluer une distance à une lieue près, c'est trouver le plus grand nombre de lieues qu'elle contienne. En arithmétique, nous n'avons à nous occuper que des nombres, pour lesquels les définitions sont d'ailleurs tout à fait semblables; évaluer un nombre A à un nombre B près, c'est trouver le plus grand multiple de B qui soit contenu dans A. Par exemple : évaluer un nombre à un millième près, c'est trouver le plus grand nombre de millièmes qui y soit contenu.

Remarque. L'erreur commise quand on évalue un nombre A à un nombre B près, est l'excès de A sur le plus grand multiple de B qui y soit contenu ; c'est donc le reste de la division de A par B. La valeur approchée est le produit de B par la partie entière du quotient.

Soit, par exemple, $\frac{175}{249}$ à évaluer à $\frac{1}{12}$ près : en divisant $\frac{175}{249}$ par $\frac{1}{12}$ on a pour quotient $\frac{175 \times 12}{249} = \frac{2100}{249} = 8 + \frac{108}{249}$, la valeur approchée à $\frac{1}{12}$ près est donc $\frac{8}{12}$, et l'erreur commise dans cette évaluation $\frac{108}{219}$ de douzièmes.

Évaluation d'une fraction à moins d'une unité décimale d'un ordre quelconque.

189. Pour évaluer une fraction à moins d'une unité décimale de l'ordre n, $\frac{1}{10^n}$ il faut (188), la diviser par $\frac{1}{10^n}$ et répéter ce diviseur autant de fois que le quotient contient d'unités. Or, diviser une fraction par $\frac{1}{10^n}$ c'est la multiplier par 10^n, nous pouvons donc énoncer la règle suivante :

Pour évaluer une fraction à $\frac{1}{10^n}$ près, il faut la multiplier par 10^n, chercher la partie entière du résultat, et la multiplier par $\frac{1}{10^n}$, ce qui pourra se faire en séparant par une virgule n chiffres à sa droite.

EXEMPLE. Soit $\frac{37}{1582}$ à évaluer à $\frac{1}{1000}$ près. En multipliant cette fraction par 1000 elle devient $\frac{37000}{1582}$, *ou* $7+\frac{2926}{1582}$. La valeur de $\frac{37}{1582}$ à $\frac{1}{1000}$ près est donc 0,007. L'erreur commise est $\frac{2926}{1582}$ de millièmes.

Réduction des fractions ordinaires en décimales.

190. THÉORÈME I. *Pour qu'une fraction ordinaire irréductible puisse s'exprimer exactement sous forme de fraction décimale, il faut et il suffit que son dénominateur n'admette pas d'autres facteurs premiers que 2 et 5.*

Tout nombre décimal étant égal à une fraction dont le dénominateur est une puissance de 10 (184), lorsque, pour rendre cette fraction irréductible, on divisera ses deux termes par leur plus grand commun diviseur, le dénominateur de la fraction ainsi obtenue sera un diviseur d'une puissance de 10 et ne pourra, par conséquent, avoir d'autres facteurs premiers que 2 et 5.

Réciproquement, si le dénominateur d'une fraction n'admet pas de facteurs premiers autres que 2 et 5, en multipliant les deux termes de cette fraction par une puissance convenable de l'un de ces facteurs, on pourra rendre leurs exposants égaux, et alors le dénominateur étant une puissance de 10, la fraction pourra (184) s'écrire sous forme de nombre décimal.

Exemple. $\frac{3}{40}=\frac{3}{2^3\times 5}$: en multipliant ses deux termes par 5^2 ou 25, cette fraction devient $\frac{75}{2^3\times 5^3}=\frac{75}{10^3}$ ou 0,075.

$\frac{4}{125}=\frac{4}{5^3}$. En multipliant ses deux termes par 2^3 ou 8 cette fraction devient $\frac{32}{5^3\times 2^3}=\frac{32}{10^3}=0{,}032$.

Remarque. Toute fraction pouvant être rendue irréductible, le théorème précédent permet toujours de décider, si une fraction donnée est égale à un nombre décimal ; dans le plus grand nombre des cas, une pareille transformation n'est pas possible, il faut définir ce qu'on entend alors par : *réduire une fraction ordinaire en décimales.*

191. *Réduire une fraction ordinaire en décimales, c'est l'évaluer successivement à $\frac{1}{10}$, $\frac{1}{100}$, $\frac{1}{1000}$.... près, et former le tableau de ces valeurs de plus en plus approchées.*

Remarque. Lorsque la fraction proposée est exprimable exactement par un nombre décimal, et égale par exemple à un nombre exact de millionièmes, il est évident qu'en l'évaluant à un millionième près on obtiendra sa valeur exacte, et que les évaluations suivantes, si on les formait, donneraient toujours le même résultat. La définition précédente convient donc au cas même où la réduction peut se faire exactement.

192. Nous avons vu (180), comment on peut évaluer une fraction à $\frac{1}{10}$, $\frac{1}{100}$, $\frac{1}{1000}$... près. Mais chacune de ces valeurs peut abréger le calcul de la suivante. Après avoir évalué, par exemple, une fraction à un centième près, pour trouver sa valeur à un millième près, on remarquera que chaque centième valant dix millièmes, il suffit de chercher combien l'erreur commise dans l'évaluation précédente contient de millièmes, et de réunir ces millièmes, dont le nombre est évidemment moindre que 10, à ceux qui sont contenus dans la valeur à $\frac{1}{100}$ près.

Voici comment on dispose une opération de ce genre :

Soit $\frac{116}{495}$ à réduire en décimales; on écrit le numérateur et le dénominateur sur une même ligne horizontale et on les sépare par une barre verticale, comme s'il s'agissait de faire une division :

```
1160 | 495
1700 | 0,234343
 2150
  1700
   2150
    1700
```

Pour évaluer d'abord la fraction à un dixième près, on multiplie (180) son numérateur par 10 et on divise le produit par le dénominateur, le quotient est 2 et le reste 170. La valeur à un dixième près est donc 0,2 et l'erreur commise $\frac{170}{495}$ de dixièmes. Pour chercher combien cette erreur contient de centièmes, on remarque qu'elle est égale à $\frac{1700}{495}$ de centièmes ou à 3 centièmes plus $\frac{215}{495}$ de centièmes. La valeur à un centième près est donc 0,23 et l'erreur commise $\frac{215}{495}$ de centièmes. Pour savoir combien cette erreur contient de millièmes on remarque qu'elle est égale à $\frac{2150}{495}$ de millièmes, ou à 4 millièmes plus $\frac{170}{495}$ de millièmes. La valeur à un millième près est donc 0,234 et l'erreur commise $\frac{170}{495}$ de millièmes. Pour savoir combien cette erreur contient de dix millièmes, on remarque qu'elle est égale à $\frac{1700}{495}$ de dix millièmes ou à 3 dix millièmes plus $\frac{215}{495}$ de dix millièmes, la valeur à un dix millième près, est donc 0,2345 et l'erreur commise $\frac{215}{495}$ de dix millièmes. On peut continuer ainsi indéfiniment et il est facile de voir que les chiffres décimaux obtenus, sont alternativement 3 et 4, en sorte que, pour avoir des valeurs de $\frac{116}{495}$ à $\frac{1}{10}$, $\frac{1}{100}$, $\frac{1}{1000}$... près, il suffira de prendre 1, 2, 3... chiffres décimaux dans l'expression :

$$0,2343434...$$

En augmentant ce nombre de chiffres, l'erreur commise pourra devenir aussi petite qu'on le voudra, mais ne sera jamais nulle. Ce qu'on exprime en disant que $\frac{116}{495}$ est la *limite* vers laquelle tend l'expression 0,2343434... lorsqu'on y considère un nombre de chiffres de plus en plus grand.

Cette méthode est évidemment générale, et nous pouvons énoncer la règle suivante :

Pour réduire une fraction en décimales, on écrit un zéro à la droite du numérateur et on le divise par le dénominateur. On sépare par une virgule un chiffre à la droite du quotient. On ajoute un 0 au reste, et on le divise par le dénominateur, le quotient est le second chiffre décimal, on ajoute un zéro au nouveau reste et on le divise par le dénominateur, le quotient est le troisième chiffre décimal, et ainsi de suite indéfiniment. Si une des divisions se fait exactement, la fraction proposée peut s'exprimer sous forme de nombre décimal, sinon, la méthode fournit seulement des évaluations de plus en plus approchées.

Fractions décimales périodiques.

103. Lorsque les chiffres d'une fraction décimale se reproduisent toujours les mêmes et dans le même ordre, on dit que la fraction est périodique. L'ensemble des chiffres qui se reproduisent ainsi se nomme une période. Quand la période commence immédiatement après la virgule, la fraction est *périodique simple;* dans le cas contraire, elle est *périodique mixte.*

EXEMPLE. 0, 345 345 345 345...

est une fraction périodique simple;

0, 72 318 318 318...

est une fraction périodique mixte.

104. THÉORÈME. *Toute fraction ordinaire réduite en décimales donne naissance à une fraction terminée ou à une fraction périodique.*

Soit une fraction ordinaire $\frac{A}{B}$ d'après la règle donnée plus haut pour la réduire en décimales, on procédera de la manière suivante :

$$\begin{array}{l|l} A0 & B \\ \cline{2-2} R0 & Q, Q_1 Q_2 Q_3 Q_4 Q_5 Q_6 \\ \quad R_1 0 & \\ \quad\; R_2 0 & \\ \quad\;\; R_3 0 & \\ \quad\;\;\; R_4 0 & \\ \quad\;\;\;\; R_5 0 & \end{array}$$

On multiplie A par 10 et on divise le produit Ao par B, ce qui donne un quotient dont on détache par une virgule le dernier chiffre à droite Q_1, en sorte qu'en désignant par la lettre Q l'ensemble de tous les autres, la valeur approchée à $\frac{1}{10}$ près est Q, Q_1. On multiplie ensuite par 10 le reste R de cette division et on divise Ro par B, ce qui donne un quotient Q_2, chiffre des centièmes, et un reste R_1. On multiplie R_1 par 10 et on divise le produit R_1o par B, ce qui donne un quotient Q_3, chiffre des millièmes et un reste R_2. On multiplie R_2 par 10, etc.

Si l'un des restes R_1, R_2, R_3... est nul, $\frac{A}{B}$ est exactement réductible en décimales, sinon l'opération se continue indéfiniment. Dans ce cas, les restes R_1, R_2, R_3... étant tous plus petits que B, après un nombre de divisions au plus égal à $B-1$, on retombera sur un reste déjà obtenu, car il n'y a que $B-1$, nombres entiers différents, inférieurs à B. La régularité du procédé qui fournit les différents chiffres fera alors qu'à partir de ces restes égaux, les quotients et les restes successifs seront les mêmes et se présenteront dans le même ordre; la fraction décimale sera donc périodique. Si, par exemple, on avait $R_1 = R_3$, on en conclurait $Q_3 = Q_5$, $R_2 = R_4$, $Q_4 = Q_6$, $R_3 = R_5$, etc., et, par conséquent, la fraction prolongée à l'infini serait :

$$Q, Q_1 Q_2 Q_3 Q_4 Q_3 Q_4 Q_3 Q_4.$$

Remarque I. *Quand une fraction $\frac{A}{B}$ réduite en décimales donne lieu à une fraction périodique, le nombre de chiffres de la période est moindre que le dénominateur* B;

Car les restes étant tous moindres que B, après avoir calculé B chiffres on sera retombé deux fois sur le même reste, et par suite la période aura commencé.

103. Remarque II. Lorsque le dénominateur d'une fraction est un peu considérable et que le numérateur est l'unité, on peut abréger les opérations par un procédé dont nous nous bornerons à donner un exemple.

Soit $\frac{1}{23}$ à réduire en décimales, on trouve en commençant l'opération conformément à la méthode précédente,

$$\begin{array}{r|l} 1 & 29 \\ \hline 100 & 0,03448 \\ 130 & \\ 140 & \\ 240 & \\ 8 & \end{array}$$

Et par conséquent

[1] $\frac{1}{29} = 0,03448 + \frac{8}{29}$ de cent millièmes.

Si on multiplie les deux membres de cette égalité par 8, les produits seront égaux, et l'on aura

[2] $\frac{8}{29} = 0,27584 + \frac{64}{29}$ de cent millièmes

ou en remarquant que $\frac{64}{29} = 2 + \frac{6}{29}$

[3] $\frac{8}{29} = 0,27586 + \frac{6}{29}$ de cent millièmes

on conclut de là, en divisant les deux membres par 100000,

[4] $\frac{8}{29}$ de cent millièmes $= 0,0000027586 + \frac{6}{29}$ de dix billionièmes

et par conséquent la valeur [1] de $\frac{1}{29}$ devient

[5] $\frac{1}{29} = 0,0344827586 + \frac{6}{29}$ de dix billionièmes,

on trouvera de même en multipliant par 6 les deux membres de cette égalité,

[6] $\frac{6}{29} = 0,2068965516 + \frac{36}{29}$ de dix billionièmes,

ou, puisque $\frac{36}{29} = 1 + \frac{7}{29}$.

[7] $\frac{6}{29} = 0,2068965517 + \frac{7}{29}$ de dix billionièmes,

on conclut de là

$\frac{6}{29}$ de dix billionièmes $= 0,00000000002068965517 + \frac{7}{29}$ de $\left(\frac{1}{10^{20}}\right)$

et par suite la valeur de $\frac{1}{29}$ [5] devient

[8] $\frac{1}{29} = 0,03448275862068965517 + \frac{7}{29}$ de $\frac{1}{10^{20}}$

En multiplant par 7 les deux membres de cette égalité, on trouve

$$\frac{7}{29} = 0,24137931034482758619 + \frac{49}{29} \text{ de } \frac{1}{10^{20}}$$

ou

$$\tfrac{7}{29}=0,24137931034482758620+\tfrac{20}{29}\text{ de }\frac{1}{10^{20}}$$

donc

$$\tfrac{7}{29}\text{ de }\frac{1}{10^{20}}=0,000,0000\ldots.\ 0,24137931034482758620+\tfrac{20}{29}\text{ de }\frac{1}{10^{40}}$$

ce qui, substitué dans la valeur [8] de $\frac{1}{29}$, donne

$$\tfrac{1}{29}=0,0344827586206896551724137931,034482758620+\tfrac{20}{29}\text{ de }\frac{1}{10^{40}}$$

et comme nous avons plus de 28 chiffres, nous sommes certains que la période doit être complète. On reconnait, en effet, que les chiffres décimaux, à partir du 29e, *sont les mêmes* qu'à partir du 1er, la période a donc 28 chiffres.

Fraction ordinaire génératrice d'une fraction périodique donnée.

106. Pour chercher la fraction ordinaire, qui, réduite en décimales, donne naissance à une fraction périodique donnée, nous rappellerons que cette fraction est la *limite* vers laquelle tend la valeur de la fraction décimale, *lorsqu'on y considère* un nombre de chiffres de plus en plus grand (**102**).

Considérons d'abord une fraction périodique simple.

Soit la fraction

$$0,342342342\ldots.\ 342\ldots.$$

Nommons a la valeur exprimée par l'ensemble des n premières périodes, nous aurons

$$a=0,342342342\ldots.\ 342.$$

On en déduit, en multipliant par 1000, ces deux quantités égales

$$1000\,a=342,342342\ldots.\ 342.$$

Cette valeur de 1000 a contient trois chiffres décimaux de moins que celle de a; si on lui ajoutait ces trois chiffres, les deux expressions auraient la même partie décimale, et leur différence serait 342. On a donc

$$1000\,a+0,000000\ldots.\ 342-a=342$$

c'est-à-dire

$$999\,a + 0{,}000000\ldots\; 342 = 342$$

Si le nombre n des périodes augmente indéfiniment, 0,000000.... 342 deviendra aussi petit que l'on voudra, et en nommant x la limite de a on aura

$$999\,x = 342$$

et par conséquent

$$x = \frac{342}{999}$$

Le raisonnement étant général, nous pouvons énoncer le théorème suivant :

La fraction ordinaire génératrice d'une fraction périodique simple a pour numérateur la période, et pour dénominateur un nombre exprimé par autant de 9 qu'il y a de chiffres dans la période.

197. Remarque. On peut en général simplifier la fraction fournie par la règle précédente, et faire perdre à son dénominateur la forme particulière qu'il présente. Ainsi, dans l'exemple précédent, les deux termes de $\frac{345}{999}$ sont divisibles par 3, et cette fraction est égale à $\frac{115}{333}$. On peut remarquer seulement que le dénominateur dont tous les chiffres sont des 9, n'étant divisible ni par 2 ni par 5, il en sera de même du dénominateur de la fraction irréductible équivalente; car, en réduisant une fraction à sa plus simple expression, on supprime des facteurs sans en introduire de nouveaux. Nous pouvons donc énoncer le théorème suivant :

Le dénominateur d'une fraction irréductible, génératrice d'une fraction périodique simple, n'est divisible ni par 2 ni par 5.

198. Considérons maintenant une fraction périodique mixte. Soit la fraction

$$0{,}34572572572\ldots\;572.$$

Représentons par a la valeur exprimée par cette fraction quand on la termine à la n^{e} période,

Nous aurons

$$a = 0{,}34572572\ldots\;572.$$

Multiplions les deux membres de cette égalité par 100, pour faire en sorte que la période commence immédiatement après la virgule, nous aurons

$$100a = 34,572572\ldots.572.$$

En multipliant les deux membres de cette égalité par 1000, nous aurons

$$100000a = 34572,572572\ldots.572.$$

Cette valeur de 100000 a contient trois chiffres décimaux de moins que celle de 100 a. Si on les lui ajoutait, les deux expressions auraient la même partie décimale, et leur différence serait celle de leurs parties entières. On a donc

$$100000a + 0,000000\ldots.572 - 100a = 34572 - 34,$$

c'est-à-dire

$$99900a + 0,0000000\ldots\ldots.572 \;= 34572 - 34.$$

Si le nombre des périodes considérées augmente indéfiniment,

$$0,000\ldots.572$$

deviendra aussi petit que l'on voudra, et l'on a, en désignant par x, la limite de a:

$$99900x = 34572 - 34,$$

d'où l'on tire

$$x = \frac{34572 - 34}{99900}.$$

Le raisonnement étant général, nous pouvons énoncer le théorème suivant :

La fraction ordinaire, génératrice d'une fraction périodique mixte, a pour numérateur le nombre formé par la partie non périodique suivie d'une période, moins le nombre formé par la période, et pour dénominateur le nombre exprimé par autant de 9 qu'il y a de chiffres dans la période suivis d'autant de zéros qu'il y a de chiffres avant la période.

190. REMARQUE. En général, la fraction fournie par la règle précédente ne sera pas irréductible, on pourra alors supprimer les facteurs communs à ses deux termes, et faire perdre à son dénominateur la forme particulière qu'il présente. Ainsi, dans le cas précédent, les deux termes de $\frac{34572-34}{99900}$ sont divisibles par

2, et la fraction est égale à $\frac{17369}{49950}$. On peut démontrer cependant qu'après avoir été réduit à sa plus simple expression, son dénominateur contiendra l'un ou l'autre des facteurs 2 et 5 précisément autant de fois que sous la forme primitive, c'est-à-dire autant de fois qu'il y a primitivement de zéros à sa droite. Les facteurs 2 et 5 ne peuvent en effet disparaître que s'ils divisent en même temps le numérateur; mais, pour être divisible par 2 et par 5, celui-ci devrait être terminé par un zéro et comme il est le résultat d'une soustraction, il faudrait pour cela que les derniers chiffres des nombres soustraits fussent les mêmes, c'est-à-dire que la période se terminât par le même chiffre que la partie non périodique; supposons qu'il en soit ainsi, et que le chiffre 2 qui termine la période soit remplacé par un 4, la fraction périodique mixte deviendrait

$$0,3453453453\ldots$$

mais alors la période, au lieu d'être 534, serait 453, et ne serait précédée que du seul chiffre 3. Si donc on a fait commencer la période où elle commence réellement, le numérateur ne peut pas être terminé par un zéro; et lorsqu'on réduira la fraction à sa plus simple expression, le dénominateur conservera l'un ou l'autre des facteurs 2 ou 5 autant de fois qu'il y a de zéros à sa droite, c'est-à-dire autant de fois qu'il y a de chiffres avant la période dans la fraction périodique mixte donnée.

Nous pouvons donc énoncer le théorème suivant :

Le dénominateur de la fraction irréductible, génératrice d'une fraction décimale périodique mixte, est divisible par l'un ou l'autre des facteurs 2 et 5 pris avec un exposant égal au nombre des chiffres décimaux qui, dans la fraction décimale, précèdent la période.

200. En rapprochant ce théorème de ceux qui ont été démontrés (**190**, **197**), on peut prévoir la nature de la fraction décimale qui proviendra d'une fraction ordinaire irréductible quelconque.

Transcrivons d'abord les trois théorèmes.

1° *Pour qu'une fraction irréductible puisse s'exprimer exactement sous forme de nombre décimal, il faut et il suffit que son dénominateur n'admette pas d'autres facteurs premiers que 2 et 5* (**190**),

2° *Le dénominateur d'une fraction irréductible génératrice d'une fraction périodique simple, n'est divisible ni par 2 ni par 5* (**197**);

3° *Le dénominateur d'une fraction irréductible génératrice d'une fraction périodique mixte, est divisible par l'un ou l'autre des facteurs 2 et 5, pris avec un exposant égal au nombre des chiffres qui, dans la fraction décimale, précèdent la période* (**199**).

Ces propositions réunies entraînent les deux suivantes :

1° *Pour qu'une fraction irréductible réduite en décimales donne naissance à une fraction périodique simple, il faut et il suffit que son dénominateur ne soit divisible ni par 2 ni par 5.*

Cette condition est, en effet, nécessaire en vertu du second des théorèmes que nous venons d'énoncer, et elle est suffisante, car, en la supposant remplie, le 1er et le 3e de ces théorèmes prouvent que la fraction décimale correspondant à la fraction donnée ne peut être ni terminée ni périodique mixte.

2° *Pour qu'une fraction irréductible réduite en décimales donne naissance à une fraction périodique mixte, il faut et il suffit que son dénominateur admette l'un au moins des facteurs 2 ou 5, et, en outre, d'autres facteurs premiers.*

Il faut, en effet, en vertu du 3e des théorèmes transcrits plus haut, que ce dénominateur admette l'un au moins des facteurs 2 et 5, et en vertu du premier il faut qu'il en admette d'autres, car sans cela la fraction décimale serait terminée. Ces deux conditions réunies sont aussi suffisantes, car, en les supposant remplies, les théorèmes I et II prouvent que la fraction décimale ne peut être ni terminée ni périodique simple, et, par exclusion, il faut alors qu'elle soit périodique mixte.

EXEMPLE. Si l'on réduisait en décimales les fractions $\frac{3}{8}$, $\frac{4}{11}$, $\frac{17}{28}$, la première donnerait naissance à une fraction terminée, la seconde à une fraction périodique simple, et la troisième à une fraction périodique mixte ayant deux chiffres avant la période, puisque 28 contient 2 fois le facteur 2.

RÉSUMÉ.

179. Définition des nombres décimaux. — **180.** Différentes manières dont peut s'énoncer la valeur d'un chiffre décimal ; lecture d'un nombre décimal. — **181.** On peut ajouter des zéros à la droite d'un nombre décimal. — **182.** Moyen de multiplier ou de diviser un nombre décimal par une puissance de 10. — 183. Une unité décimale d'un certain ordre est toujours plus grande que la somme des nombres exprimés par les chiffres qui la suivent.—On en conclut qu'un même nombre ne peut pas s'exprimer de deux manières en fraction décimale. — 184. Transformation d'un nombre décimal en fraction ordinaire. — Transformation en nombre décimal d'une fraction qui a pour dénominateur une puissance de 10. — 185. Addition et soustraction des nombres décimaux. — 186. Multiplication des nombres décimaux. — 187. Division des nombres décimaux. — 188. Évaluation approchée des grandeurs et des nombres. — 189. Évaluation d'une fraction à moins d'une unité décimale d'un certain ordre. — 190. Réduction des fractions ordinaires en décimales. Condition pour qu'elle puisse s'effectuer. — 191. Définition de cette réduction lorsque la fraction n'est exactement égale à aucune fraction décimale. — 192. Moyen d'effectuer la réduction d'une fraction en décimales. — 193. Définition des fractions décimales périodiques. — 194. Toute fraction ordinaire réduite en décimales donne naissance à une fraction terminée ou à une fraction périodique. — 195. Moyen d'abréger les opérations lorsque le numérateur de la fraction réduite est l'unité. — 196. Fraction ordinaire génératrice d'une fraction périodique simple. — 197. Le dénominateur d'une fraction irréductible, génératrice d'une fraction périodique simple, n'est divisible ni par 2 ni par 5. — 198. Fraction ordinaire génératrice d'une fraction périodique mixte. — 199. Le dénominateur de la fraction irréductible génératrice d'une fraction décimale périodique mixte est divisible par l'un ou l'autre des facteurs 2 ou 5 pris avec un exposant égal au nombre des chiffres qui, dans la fraction décimale, précèdent la période. — 200. Moyen de reconnaître, à l'inspection du dénominateur d'une fraction irréductible, la nature de la fraction décimale à laquelle elle donnera naissance.

EXERCICES.

I. Si on considère une fraction périodique 0,375 375 375.... la limite est $\frac{375}{999}$, en considérant la période comme égale à 375375, on verrait de même que la limite est $\frac{375375}{999999}$; prouver *a priori* l'égalité de ces fractions.

II. La fraction périodique mixte 0,57832832832 peut être considérée comme ayant 283 pour période et 5783 pour partie non périodique, la limite est alors $\frac{5783238-5783}{9990000}$; prouver la coïncidence de ce résultat avec celui que l'on obtient en considérant la partie non périodique comme réduite à 57 et la période à 832.

III. Si une fraction irréductible a pour dénominateur un nombre premier, et que la période de la fraction décimale à laquelle elle donne naissance ait un nombre pair de chiffres, le premier et le dernier de ces chiffres, le second et l'avant-dernier, et en général deux chiffres quelconques également distants des extrêmes, donneront une somme égale à 9.

IV. Si deux fractions irréductibles ont le même dénominateur, et qu'on les réduise l'une et l'autre en décimales, les périodes auront le même nombre de chiffres.

V. Si l'on réduit en décimales une fraction ordinaire $\frac{m}{p}$ et que la période ait $p-1$ chiffres, que l'on range ces chiffres en cercle de telle manière qu'il n'y ait plus ni premier ni dernier, le cercle ainsi obtenu sera indépendant du numérateur m.

EXEMPLE. $\frac{1}{7} = 0{,}142857142857$
$\frac{4}{7} = 0{,}571428571428.$

Ces deux périodes rangées en cercle donnent l'une et l'autre

1
7 4
5 2
8

Pour obtenir la première il faut lire les chiffres à partir de 1, et la seconde à partir de 5.

VI. Si l'on réduit en décimales toutes les fractions irréductibles, dont le dénominateur est un nombre premier p; si l'on range en cercle les restes obtenus dans l'opération, le nombre des cercles distincts que l'on pourra former de cette manière, est un diviseur de $p-1$. En conclure que le nombre des restes qui forment un de ces cercles, et, par suite, le nombre des chiffres d'une période, est aussi un diviseur de $p-1$.

CHAPITRE XI.

SYSTÈME MÉTRIQUE.

Définition des diverses unités.

201. L'unité peut être choisie arbitrairement pour chaque sorte de grandeur. Il suffit qu'elle soit bien connue de ceux qui l'emploient. Pour qu'il en fût toujours ainsi, il serait à désirer qu'on adoptât universellement un système d'unités, susceptibles d'être retrouvées à toutes les époques; car la tradition ne suffit pas pour les transmettre sans altération pendant un temps considérable.

Notre système actuel de poids et mesures remplit parfaitement cette condition.

Parmi les grandeurs dont l'étude constitue les mathématiques, les principales sont les *longueurs*, les *surfaces*, les *volumes* et les *poids*.

Unité de longueur.

L'unité de longueur est le MÈTRE, c'est la dix-millionième partie du quart du méridien terrestre.

Le mètre est l'unité fondamentale dont dérivent toutes les autres.

Unités de surface.

On prend habituellement pour unité de surface, le *mètre carré*. C'est un carré dont le côté est égal à 1 mètre.

On prend aussi dans certaines circonstances pour unité de surface, l'*are* qui est un carré ayant dix mètres de côté.

L'are vaut cent mètres carrés.

Unités de volume.

L'unité de volume est le *mètre cube*. C'est un cube dont chaque *arête* a un mètre de longueur, et dont chaque face est, par conséquent, un mètre carré.

Le mètre cube reçoit quelquefois le nom de *stère*. On se sert du stère pour mesurer les bois de chauffage.

On prend aussi pour unité de volume ou de capacité, surtout lorsqu'il s'agit de mesurer les liquides, le *litre*. C'est le contenu d'un décimètre cube, ou d'un millième de mètre cube.

Unité de poids.

L'unité de poids est le *gramme*. C'est le poids d'un centimètre cube (millionième partie d'un mètre cube) d'eau distillée, prise au maximum de condensation (à la température d'environ 4°).

Unité monétaire.

L'unité monétaire est le *franc*. C'est une pièce pesant cinq grammes, et contenant neuf dixièmes de son poids d'argent.

Multiples et sous-multiples des unités principales.

202. Si l'on n'adoptait qu'une seule unité de chaque sorte, on serait souvent conduit à des nombres fort incommodes. Si, par exemple, on évaluait en mètres la distance de la terre au soleil, le nombre serait si considérable qu'il ne présenterait à l'esprit qu'une notion confuse, et serait, en outre, fort incommode dans les calculs auxquels on aurait à le soumettre.

Pour éviter cet inconvénient, on a formé avec chacune des unités principales, d'autres unités dix, cent, mille, dix mille fois plus grandes ou plus petites. On désigne ces unités en faisant précéder le nom de l'unité principale des mots :

déca, hecto, kilo, myria, déci, centi, milli,

qui signifient respectivement :

dix, cent, mille, dix mille, dixième, centième, millième.

EXEMPLES. Le *décamètre* vaut dix mètres : l'*hectolitre*, cent litres : le *kilogramme*, mille grammes : le *myriamètre*, dix mille mètres : le *déciare*, un dixième d'are : le *centimètre*, un centième de mètre : le *milligramme*, un millième de gramme, etc.

203. REMARQUE I. Les unités de dix en dix fois plus grandes et de dix en dix fois plus petites, sont la réalisation des unités de différents ordres employées dans notre système de numération ; pour cette raison, le système des nouvelles mesures est appelé souvent : *Système décimal des poids et mesures*.

Ce système évite l'emploi exclusif d'une seule unité, et n'exige cependant aucune modification dans les calculs, car une grandeur exprimée au moyen de ces diverses unités, peut être rapportée immédiatement à l'unité principale ; et s'exprimer par un nombre entier suivi d'une fraction décimale.

EXEMPLE. 8 myriamètres, 9 kilomètres, 7 hectomètres, 3 décamètres, 1 mètre, 3 centimètres peuvent se représenter par $89731^{m},03$. $532^{k},827925$ se liront : 532 kilogrammes, 827 grammes, 925 milligrammes.

Pour changer d'unité, il suffit de déplacer la virgule vers la droite ou vers la gauche, d'autant de rangs qu'il y a d'unités dans l'exposant de la puissance de 10, qui indique combien de fois la première unité est contenue dans la seconde, ou la seconde dans la première.

EXEMPLE. $8^{m.cub.},35$ valent 8350 décimètres cubes et 0,00835 décamètres cubes.

REMARQUE II. L'habitude a altéré la régularité de ces différents noms, soit en en supprimant quelques-uns, soit en leur en substituant de nouveaux.

On ne se sert pas des mots décaare, kilolitre, myrialitre, décastère, hectostère, kilostère, myriastère, décistère, centistère, millistère, décafranc, hectofranc, myriafranc. Au lieu de décifranc, centifranc, millifranc, on dit décime, centime, millime. Pour les fortes pesées on se sert de deux unités, auxquelles on a donné des noms particuliers : le quintal métrique, qui vaut cent kilogrammes, et la tonne, qui en vaut mille.

Division de la circonférence.

204. On a souvent besoin de comparer différentes parties d'une circonférence, sans se préoccuper de leurs longueurs absolues. Pour cela, on divise la circonférence entière du cercle en quatre parties égales que l'on nomme des quadrants, chaque quadrant en 90 degrés, les degrés en 60 minutes et les minutes en 60 secondes.

Les divisions de la circonférence s'indiquent abréviativement de la manière suivante :

° signifie degré. Exemple : 4°, quatre degrés.

' signifie minute. Exemple : 7', sept minutes.

" signifie seconde. Exemple : 18", dix-huit secondes.

Nous nous bornerons à donner quelques exemples relatifs au calcul de ces grandeurs.

EXEMPLE I. *Évaluer les cinq septièmes d'un quadrant en degrés, minutes et secondes.*

Les cinq septièmes d'un quadrant sont les $\frac{5}{7}$ de 90° ou $\frac{450^\circ}{7}$, en effectuant la division, on trouve :

$$\frac{450^\circ}{7} = 64^\circ \frac{2^\circ}{7},$$

pour transformer $\frac{2}{7}$ de degré en minutes, on remarquera que $\frac{2}{7}$ de degré valent $\frac{2}{7}$ de 60' ou $\frac{120}{7}$ de minutes. En effectuant la division on trouve :

$$\frac{120'}{7} = 17'\,\frac{1}{7} :$$

Pour transformer en secondes $\frac{1}{7}$ de minute, on remarquera que $\frac{1}{7}'$ vaut $\frac{60''}{7}$ et par conséquent $8''\,\frac{4}{7}$.

L'arc de $\frac{5}{7}$ du quadrant est donc enfin égal à :

$$64^\circ\ 17'\ 8''\ \frac{4}{7}''.$$

EXEMPLE II. *Quelle fraction de la circonférence est l'arc 27° 17' 32"?*

27° expriment $\frac{27}{360}$ de circonférence ;

17' expriment $\frac{17}{360 \times 60}$ de circonférence ;

32" expriment $\frac{32}{360 \times 60 \times 60}$ de circonférence ;

la somme est donc $\frac{27}{360} + \frac{17}{360 \times 60} + \frac{32}{360 \times 60 \times 60}$, c'est-à-dire $\frac{98252}{1296000}$.

205. A l'époque où le système métrique fut établi, on chercha à subordonner au système décimal la division de la circonférence. Mais cette innovation n'a pas prévalu. On avait partagé chaque quadrant en 100 grades. Chaque grade en 100 minutes, chaque minute en 100 secondes, etc.

Rien n'est plus facile que de convertir les anciennes divisions de la circonférence en nouvelles, et réciproquement.

EXEMPLE I. *Convertir $48^{grades},2472$ en degrés, minutes et secondes.*

100^{grades} valant 90°, un grade est les $\frac{9}{10}$ d'un degré, on doit donc, pour convertir l'expression précédente en degrés, la multiplier par $\frac{9}{10}$. On trouve pour produit 43,42248. C'est-à-dire

$$43^{\circ} + 0,42248 \text{ de degrés.}$$

Chaque degré valant 60', pour convertir la fraction précédente en minutes, il faut la multiplier par 60, elle devient ainsi 25,3488, et contient, par conséquent, 25', plus 0,3488 de minutes.

Chaque minute valant 60'', pour convertir la fraction précédente en secondes, il faut la multiplier par 60, on trouve ainsi qu'elle vaut 20'',928. Par conséquent

$$48^{grades},2472 \quad \text{valent} \quad 43^{\circ}25'20'',928.$$

EXEMPLE II. *Convertir 43°25'21'' en grades et subdivisions du grade.*

43°25'21'' représentent

$$43^{\circ} + \frac{25^{\circ}}{60} + \frac{21^{\circ}}{3600};$$

c'est-à-dire

$$\frac{156321}{3600} \text{ de degrés.}$$

Chaque degré valant $\frac{10}{9}$ de grade, pour évaluer l'expression précédente en grades, il faut la multiplier par $\frac{10}{9}$, on trouve ainsi qu'elle vaut

$$\frac{17369}{360} \text{ de grades,}$$

ou, en effectuant la division

$$48^{grades},2472 + \frac{8}{36} \text{ de seconde.}$$

RÉSUMÉ.

201. Condition que doit remplir un système d'unités. — Définitions des unités principales de notre système actuel de poids et mesures. — 202. Inconvénient qu'il y aurait à n'adopter qu'une seule unité de chaque sorte; dénominations employées pour représenter les multiples ou sous-multiples décimaux de l'unité principale. — 203. Les unités de dix en dix fois plus grandes ou plus petites sont la réalisation des unités de différents ordres dans notre système de numération. — Indication de quelques multiples des unités simples qui ne sont pas employés. Définition de la tonne et du quintal métrique. — 204. Division de la circonférence. — 205. Nouvelle division de la circonférence.

EXERCICES.

I. Sous un égal volume, l'eau pèse 773 fois plus que l'air. On demande le poids de $825^{lit},371$ d'air.

II. On demande le poids de l'air déplacé par 1563^{kilog} de cuivre, sachant que ce métal pèse 8,167 fois plus que l'eau sous le même volume.

III. Combien y a-t-il de centimètres cubes dans une masse d'or pur valant 753 fr., sachant que l'or pèse, à volume égal, 19 fois plus que l'eau, et vaut, à poids égal, 15,5 fois plus que l'argent?

IV. Quel est le poids de $32^{lit},732$ d'eau à 30°, sachant que le volume de l'eau à 30° est égal au produit de son volume à 4° par la fraction 1,00437?

V. Une mine de charbon fournit en 15 jours 1294 bennes contenant $11^{hect},25$ chaque. La dépense journalière est de $457^{f},75$. Quel est le prix de revient d'un hectolitre de charbon?

VI. Un chemin de fer prend pour le transport des charbons $0^{f},097$ par tonne et par kilomètre. On paye, en outre, un droit fixe de $2^{f},12$ par wagon contenant 3240^{hect}. A combien reviendront $28275^{hect},65$ achetés au prix de $2^{f},85$ l'hectolitre et transportés par le chemin de fer à $15^{myr},97$. L'hectolitre de charbon pèse 82 kilogrammes.

VII. Les données étant les mêmes que dans la question précédente, on suppose que le chef d'une usine paye annuellement au chemin de fer 2580 francs pour le transport de ses charbons, le parcours étant de $2^{myr},375$, calculer le nombre d'hectolitres consommés.

VIII. Le minerai d'une usine à plomb a été amené par des préparations mécaniques à contenir 0,794 de son poids en plomb; l'usine possède 4 fourneaux pouvant traiter chacun 1295 kilogrammes de minerai en 12^h 35', la perte en plomb est de 11 pour 100 du métal contenu dans le minerai. Combien doit-on travailler de jours par an pour que la production annuelle s'élève à 16000 quintaux de plomb ?

IX. En adoptant les données de la question précédente et supposant que le plomb fabriqué contienne 0,0032 d'argent, et que 0,02 de cet argent se perde dans l'opération au moyen de laquelle on l'extrait du plomb, à quel chiffre doit-on porter le nombre des fourneaux à plomb pour que l'usine produise annuellement la quantité d'argent contenue dans $1\,000\,000^f$ de notre monnaie. (On suppose que le nombre des journées de travail des fourneaux soit celui qui résulte du calcul précédent.)

X. Les fils de fer de première qualité supportent, sans se rompre, un poids de 80^k par millimètre carré de section transversale, mais il n'est pas prudent de porter leur charge au delà du quart de cette limite. Un câble en fil de fer est exposé à une charge maximum de 1500^k, quel est le nombre total des fils que l'on doit employer à le composer, le diamètre d'un fil étant $0^m,0034$? (La solution de ce problème exige des notions de géométrie.)

XI. Chercher la plus grande commune mesure entre la circonférence entière et l'arc de 27 degrés 41 minutes 32 secondes $\frac{4}{13}$ de seconde.

CHAPITRE XII.

THÉORIE DES PROPORTIONS.

Rapport de deux grandeurs.

206. Le rapport d'une grandeur à une autre de même nature, est le nombre qui mesurerait la première si la seconde était prise pour unité.

Nous ne nous occuperons, dans ce chapitre, que des rapports entre les grandeurs qui ont une commune mesure. De pareils rapports se nomment commensurables.

207. Théorème. *Tout rapport commensurable est égal à une fraction à termes entiers.*

Si, en effet, les grandeurs comparées ont une commune mesure, cette commune mesure est contenue un nombre entier de fois dans chacune d'elles, 5 fois, par exemple, dans la première, et 7 fois dans la seconde; la première contient alors 5 fois le septième de la seconde dont elle est, par conséquent, les cinq septièmes, et la seconde contient 7 fois le cinquième de la première dont elle est, par conséquent, les sept cinquièmes. Le rapport est donc, suivant le point de vue auquel on se place, l'une des fractions à termes entiers $\frac{5}{7}$ ou $\frac{7}{5}$.

Rapports inverses ou réciproques.

208. Il résulte de l'explication précédente, qu'il existe entre deux grandeurs, deux rapports exprimés par deux fractions formées des mêmes termes comme $\frac{5}{7}$ et $\frac{7}{5}$. Ces deux rapports se nomment *inverses* ou *réciproques*, et les fractions qui les représentent reçoivent le nom de *fractions inverses* ou *réciproques*.

Remarque. Le produit des deux fractions inverses est évidemment l'unité; on donne quelquefois cette propriété comme définition, et l'on dit : deux nombres sont réciproques lorsque leur produit est égal à l'unité. Cette définition est évidemment d'accord avec la précédente, mais elle a l'inconvénient de ne pas faire ressortir l'origine de la locution dont il s'agit.

Rapport de deux nombres.

209. Le rapport de deux nombres entiers ou fractionnaires est le quotient de leur division. Il est essentiel de montrer qu'il n'y a pas là contradiction dans le discours, et que deux grandeurs de même nature représentées par des nombres, ont en effet pour rapport, le quotient de la division de ces nombres.

Supposons, par exemple, que deux grandeurs rapportées à une même unité soient représentées par $\frac{5}{7}$ et $\frac{2}{3}$. $\frac{5}{7}$ divisé par $\frac{2}{3}$ donne pour quotient $\frac{15}{14}$; cela veut dire que $\frac{5}{7}$ d'unité sont les quinze quatorzièmes de $\frac{2}{3}$ d'unité, ou que le *rapport* de $\frac{5}{7}$ d'unité à $\frac{2}{3}$ d'unité est $\frac{15}{14}$. Les deux définitions s'accordent donc parfaitement.

Définition des proportions.

210. On dit que *quatre grandeurs sont en proportion, lorsque le rapport des deux premières est égal au rapport des deux autres.*

En arithmétique, on ne considère que les nombres, on dit que *quatre nombres sont en proportion, lorsque le rapport des deux premiers est égal au rapport des deux autres.*

Il est évident que si quatre nombres sont en proportion, il en est de même des grandeurs correspondantes, et que réciproquement la proportion entre quatre grandeurs entraîne celle des nombres qui les représentent.

211. On écrit de la manière suivante que quatre nombres, a, b, c, d, sont en proportion :

$$a : b :: c : d,$$

et l'on prononce :

a est à b comme c est à d.

a, b, c, d se nomment les termes de la proportion.

$\frac{a}{b}$ est le premier rapport.

$\frac{c}{d}$ le second rapport.

b et c les moyens.

a et d les extrêmes.

a l'antécédent et b le conséquent du premier rapport.

c l'antécédent et d le conséquent du second rapport.

Lorsque, dans une proportion, les moyens sont égaux entre eux, on dit qu'ils sont *moyens proportionnels* entre les extrêmes.

Exemple. On a $8:4::4:2$. 4 est donc moyen proportionnel entre 8 et 2.

Il est important de se rendre ces locutions familières.

212. Remarque. *Si deux proportions ont un rapport commun, les deux autres rapports forment une proportion.*

Ainsi, des deux proportions

$$a:b::c:d,$$
$$e:f::c:d,$$

on peut déduire

$$a:b::e:f;$$

car ces deux rapports égaux à un troisième sont évidemment égaux entre eux.

Théorèmes relatifs aux proportions.

213. Théorème I. *Pour que quatre nombres,* a, b, c, d, *soient en proportion, il faut et il suffit que le produit des extrêmes soit égal au produit des moyens.*

Par définition, la condition nécessaire et suffisante pour que quatre nombres soient en proportion, est que

$$[1] \qquad \frac{a}{b}=\frac{c}{d},$$

$\frac{a}{b}$ désignant (153) le rapport de a à b, lors même que a et b ne sont pas des nombres entiers. Si nous multiplions les deux termes de la première expression par d, et ceux de la seconde par b, afin de les réduire au même dénominateur, l'égalité [1] deviendra

$$\frac{a\times d}{b\times d}=\frac{c\times b}{b\times d};$$

ce qui équivaut, à cause du dénominateur commun, à

$$a \times d = c \times b.$$

C'est précisément ce qu'il fallait démontrer.

214. Il résulte du théorème I, que l'on peut changer l'ordre des termes dans une proportion, pourvu que l'on garde les mêmes extrêmes et les mêmes moyens, ou que les deux moyens changent à la fois de place avec les deux extrêmes.

Ainsi, les huit proportions suivantes peuvent être considérées comme absolument équivalentes :

$$\begin{aligned} a : b &:: c : d, \\ b : a &:: d : c, \\ a : c &:: b : d, \\ c : a &:: d : b, \\ c : d &:: a : b, \\ d : c &:: b : a, \\ b : d &:: a : c, \\ d : b &:: c : a; \end{aligned}$$

car la condition nécessaire et suffisante pour que l'une quelconque d'entre elles ait lieu, est l'égalité des produits $a \times d$ et $b \times c$.

215. *Connaissant trois termes d'une proportion, trouver le quatrième.*

Le produit des extrêmes étant égal à celui des moyens, si le terme inconnu est un extrême, multiplié par l'autre extrême il doit donner (**213**) un produit égal à celui des moyens; il est donc égal au produit des moyens divisé par l'extrême connu.

Si le terme inconnu est un moyen, on voit de même qu'il est égal au produit des extrêmes divisé par le moyen connu.

Exemple. Trouver un nombre x tel que l'on ait

$$3 : 7 :: 5 : x,$$

on aura, d'après la règle énoncée,

$$x = \frac{5 \times 7}{3} = \frac{35}{3} = 11\tfrac{2}{3}.$$

216. Théorème II. *On peut, dans une proportion, multiplier* *ou diviser un extrême et un moyen par un même nombre, sans que la proportion cesse d'avoir lieu.*

Il est évident, en effet, qu'en opérant ainsi on multiplie ou divise par un même nombre le produit des extrêmes et celui des moyens, ce qui n'altère pas leur égalité.

217. THÉORÈME III. *Dans une proportion quelconque, la somme des deux premiers termes est au second, comme la somme des deux derniers est au quatrième.*

Soit la proportion

$$a : b :: c : d,$$

il s'agit de prouver qu'elle entraîne la suivante :

$$a + b : b :: c + d : d.$$

Or, il est évident que le rapport de $a+b$ à b surpasse d'une unité celui de a à b, et que le rapport de $c+d$ à d surpasse d'une unité celui de c à d. Les deux rapports $\frac{a}{b}$ et $\frac{c}{d}$ ont donc été l'un et l'autre augmentés d'une unité, et par conséquent leur égalité n'est pas altérée.

218. THÉORÈME IV. *Dans une proportion, la différence des deux premiers termes est au second comme la différence des deux derniers est au quatrième.*

Soit la proportion

$$a : b :: c : d,$$

il s'agit de prouver que l'on a

$$a - b : b :: c - d : d.$$

Or, il est évident que le rapport de $a - b$ à b est moindre d'une unité que celui de a à b, et que le rapport de $c - d$ à d est moindre d'une unité que celui de c à d. Les deux rapports $\frac{a}{b}$ et $\frac{c}{d}$ ont donc été l'un et l'autre diminués d'une unité, et par conséquent leur égalité n'est pas altérée.

REMARQUE I. La proportion précédente suppose évidemment que a et c soient plus grands que b et d. Si cela n'avait pas lieu, en mettant les moyens à la place des extrêmes on obtiendrait une nouvelle proportion $b : a :: d : c$, à laquelle le théorème serait applicable.

219. Remarque II. Les théorèmes III et IV peuvent s'appliquer à chacune des huit proportions qui résultent (214) d'une proportion donnée par transposition de termes, et il en résulte plusieurs théorèmes, parmi lesquels nous indiquerons les suivants :

Si au lieu de $a : b :: c : d$ on écrit la proportion équivalente

$$a : c :: b : d$$

et qu'on lui applique les théorèmes III et IV, on aura

$$a+c : c :: b+d : d$$
$$a-c : c :: b-d : d$$

et, en changeant les moyens de place, ces deux dernières proportions deviennent

$$a+c : b+d :: c : d$$
$$a-c : b-d :: c : d$$

c'est-à-dire que, dans une proportion quelconque, *la somme ou la différence des antécédents est à la somme ou la différence des conséquents comme un antécédent est à son conséquent*. La seconde de ces proportions suppose évidemment que a soit plus grand que c, et, par suite, b plus grand que d; si cela n'avait pas lieu, au lieu de la proportion $a : b :: c : d$, on aurait écrit

$$b : a :: d : c,$$

et la même démonstration aurait donné

$$b-d : a-c :: d : c.$$

220. Remarque III. La comparaison des résultats précédents conduit encore à quelques théorèmes utiles.

Si nous reprenons une proportion quelconque

$$a : b :: c : d$$

nous avons prouvé qu'on en déduit les suivantes :

$$a+b : b :: c+d : d$$
$$a-b : b :: c-d : d$$

lesquelles peuvent s'écrire en changeant les moyens de place

$$a+b : c+d :: b : d$$
$$a-b : c-d :: b : d$$

donc, à cause du rapport commun,

$$a+b:c+d::a-b:c-d$$

ou, en changeant les moyens de place,

$$a+b:a-b::c+d:c-d$$

c'est-à-dire que, dans une proportion quelconque, *la somme des deux premiers termes est à leur différence comme la somme des deux derniers est à leur différence.*

221. Théorème V. *En multipliant termes à termes un nombre quelconque de proportions, on formera une nouvelle proportion.*

Soient les proportions

$$a_1 : b_1 :: c_1 : d_1$$
$$a_2 : b_2 :: c_2 : d_2$$
$$a_3 : b_3 :: c_3 : d_3$$

Elles peuvent s'écrire de la manière suivante :

$$\frac{a_1}{b_1}=\frac{c_1}{d_1}$$
$$\frac{a_2}{b_2}=\frac{c_2}{d_2}$$
$$\frac{a_3}{b^3}=\frac{c_3}{d_3}$$

Le produit des trois premiers membres est égal à celui des trois seconds membres.

On en conclut

$$\frac{a_1\times a_2\times a_3}{b_1\times b_2\times b_3}=\frac{c_1\times c_2\times c_3}{d_1\times d_2\times d_3}$$

Ce qui équivaut à la proportion

$$a_1\times a_2\times a_3 : b_1\times b_2\times b_3 :: c_1\times c_2\times c_3 : d_1\times d_2\times d_3.$$

Remarque. On peut supposer que les proportions considérées soient identiques les unes aux autres. Le théorème devient alors le suivant : *En élevant à une même puissance tous les termes d'une proportion, on forme une nouvelle proportion.*

222. Théorème VI. *Dans une suite de rapports égaux, la somme* *des antécédents est à la somme des conséquents comme un antécédent est à son conséquent.*

Considérons une suite de rapports égaux :

$$a : b :: c : d :: e : f :: g : h\,;$$

de l'égalité des deux premiers rapports,

$$a : b :: c : d\,;$$

on conclut (**219**)

$$a + c : b + d :: c : d.$$

En substituant au rapport $c : d$, le rapport égal $e : f$, on obtient

$$a + c : b + d :: e : f,$$

d'où l'on conclut (**219**)

$$a + c + e : b + d + f :: e : f.$$

En substituant au rapport $e : f$, le rapport égal $g : h$, on obtient

$$a + c + e : b + d + f :: g : h,$$

d'où l'on conclut (**219**)

$$a + c + e + g : b + d + f + h :: g : h.$$

C'est précisément ce qu'il fallait démontrer.

RÉSUMÉ.

206. Rapport de deux grandeurs. — **207**. Tout rapport commensurable est égal à une fraction à termes entiers. — **208**. Rapports inverses; le produit de deux fractions inverses est l'unité. — **209**. Si deux grandeurs sont représentées par des nombres, leur rapport est égal au quotient de la division de ces nombres. — **210**. Définition des proportions. — **211**. Notations et locutions relatives aux proportions. — **212**. Si deux proportions ont un rapport commun, les deux autres rapports forment une proportion. — **213**. Pour que quatre nombres soient en proportion, il faut et il suffit que le produit des extrêmes égale celui des moyens. — **214**. Différentes manières d'écrire une proportion. — **215**. Connaissant trois termes d'une proportion, trouver le quatrième. — **216**. On peut, dans une proportion, multiplier ou diviser un extrême et un moyen par un même nombre sans que la proportion cesse d'avoir lieu. — **217**. Dans une proportion, la somme des deux premiers termes est au second, comme la somme des deux derniers est au quatrième. — **218.** La différence des deux premiers termes est au second comme la différence des deux derniers est au quatrième. — **219.** En appliquant ce théorème aux proportions que l'on déduit de la proposée par des transpositions de termes, on prouve que dans une proportion la somme ou la différence des antécédents est à la somme ou la différence des conséquents comme un antécédent est à son conséquent. — **220.** La somme des deux premiers termes est à leur différence, comme la somme des deux derniers est à leur différence. — **221.** En multipliant, terme à terme, un nombre quelconque de proportions on forme une nouvelle proportion; on peut supposer que les proportions soient identiques, le théorème précédent prouve alors que si des nombres sont en proportion, leurs puissances sont aussi en proportion. — **222.** Dans une suite de rapports égaux, la somme des antécédents est à la somme des conséquents comme un antécédent est à son conséquent.

EXERCICES.

I. La proportion $a+b : a-b :: c+d : c-d$ entraîne $a : b :: c : d$.

II. Le plus grand des quatre termes d'une proportion, ajouté au plus petit, donne une somme plus grande que les deux autres termes.

III. Existe-t-il une proportion telle qu'en ajoutant un même nombre à ses quatre termes on forme une proportion nouvelle?

IV. De la proportion $a : b :: c : d$ on peut déduire

$$a\times b : c\times d :: (a+b)^2 : (c+d)^2.$$

V. Dans quel cas peut-on ajouter deux proportions, termes à termes, de manière à obtenir une proportion nouvelle?

VI. Si l'on a quatre nombres a, b, c, d, tels que b soit égal à $\left(\frac{a+c}{2}\right)$ et $\frac{1}{c}$ à $\frac{1}{2}\left(\frac{1}{b}+\frac{1}{d}\right)$ les quatre nombres sont en proportion. Réciproquement, si dans une proportion $a : b :: c : d$, on a $b=\left(\frac{a+c}{2}\right)$, on aura aussi $\frac{1}{c}=\frac{1}{2}\left(\frac{1}{b}+\frac{1}{d}\right)$.

VII. $ma+nb : ma'+nb' :: a : a'$ entraîne $a : a' :: b : b'$, quels que soient les nombres m et n.

CHAPITRE XIII.

APPLICATIONS DE LA THÉORIE DES PROPORTIONS.

Des grandeurs proportionnelles.

223. Deux grandeurs sont dites proportionnelles l'une à l'autre, lorsque deux valeurs quelconques de la première ont le même rapport que les valeurs correspondantes de la seconde. La géométrie, la mécanique, la physique, font connaître des grandeurs proportionnelles les unes aux autres. En arithmétique, on n'a, dans aucun cas, pour objet de démontrer cette proportionnalité, on l'admet comme un fait qui sert à la solution des questions relatives à ces grandeurs.

Exemples. Le salaire d'un ouvrier est, en général, proportionnel au temps pendant lequel on l'emploie. La quantité de vivres nécessaire à l'approvisionnement d'un vaisseau est proportionnelle à la durée du voyage que l'on veut entreprendre.

224. Remarque. Il est rare qu'une grandeur dépende exclusivement d'une autre; le plus souvent une foule de circonstances diverses influent sur sa valeur. On dit alors que deux grandeurs sont proportionnelles, lorsque l'une d'elles venant à changer, et toutes les autres circonstances restant les mêmes, l'autre varie proportionnellement.

Exemple. Si l'on dit : le poids d'une barre de fer est proportionnel à sa longueur, les autres éléments qui concourent à déterminer le poids (la largeur et l'épaisseur) sont supposés ne pas varier.

225. *Une grandeur peut être à la fois proportionnelle à plusieurs autres.*

Il suffit pour cela que l'une quelconque de ces grandeurs venant à varier, les autres restant constantes, la grandeur considérée varie proportionnellement à celle-là.

Exemple. Le prix d'une pièce d'étoffe est proportionnel à sa longueur, à sa largeur et au prix du mètre carré d'étoffe.

Des grandeurs inversement proportionnelles.

226. On dit que deux grandeurs sont inversement proportionnelles l'une à l'autre, lorsque deux valeurs quelconques de la première ont un rapport inverse de celui des valeurs correspondantes de l'autre.

Exemple. Un vaisseau ayant une quantité déterminée de vivres, la durée du voyage qu'il peut entreprendre est inversement proportionnelle au nombre d'hommes qui composent son équipage; c'est-à-dire que si ce nombre d'hommes devient double ou triple, la durée du voyage devra être réduite à la moitié ou au tiers; si le nombre d'hommes devient les $\frac{5}{7}$ de ce qu'il était, la durée du voyage deviendra les $\frac{7}{5}$.

227. *Une grandeur peut être à la fois proportionnelle à certaines grandeurs et inversement proportionnelle à d'autres.*

Exemple. La longueur d'une pièce d'étoffe est proportionnelle au prix qu'elle coûte, inversement proportionnelle au prix du mètre carré d'étoffe et à la largeur de la pièce.

C'est-à-dire que :

La largeur restant la même ainsi que la qualité de l'étoffe, sa longueur est proportionnelle au prix qu'elle coûte.

La largeur restant la même ainsi que le prix de la pièce, la longueur est inversement proportionnelle au prix du mètre carré.

La qualité de la pièce restant la même ainsi que le prix total, sa longueur est inversement proportionnelle à sa largeur.

Remarque. Dans les exemples précédents la proportionnalité des grandeurs est *à peu près* évidente. Pour quelques-uns d'entre eux, cependant, il y aurait lieu à faire une démonstration; mais il s'agit seulement ici de définir le sens des mots *proportionnel* et *inversement proportionnel*, et non de démontrer qu'ils conviennent dans tel ou tel cas.

Règle pour reconnaître si deux grandeurs sont proportionnelles.

228. La démonstration de la proportionnalité de deux grandeurs n'est pas, comme nous l'avons dit, du ressort de l'arithmétique, elle appartient, dans chaque cas, à la science qui traite particulièrement des grandeurs dont il est question. Certaines grandeurs cependant ne se rapportent spécialement à aucune science; telles sont la plupart de celles que nous avons choisies pour exemple dans les pages précédentes. Nous indiquerons deux principes au moyen desquels on pourra souvent établir leur proportionnalité.

1° *Si deux grandeurs sont proportionnelles l'une à l'autre, toutes les fois que l'une d'elles devient un nombre entier de fois plus grande ou plus petite, elles le sont dans tous les cas.*

Représentons ces deux grandeurs par les lettres A et B. Si A devient m fois plus grand ou m fois plus petit (m étant entier), B devient aussi, par hypothèse, m fois plus grand ou m fois plus petit. Il s'agit de prouver que, cela étant, quelles que soient les valeurs attribuées à A, les valeurs correspondantes de B leur seront proportionnelles. Supposons, en effet, que A soit multiplié par une fraction $\frac{p}{q}$; on peut supposer, pour cela, qu'il devienne p fois plus grand et ensuite q fois plus petit; mais alors d'après l'hypothèse, B deviendra successivement $B\times p$ et $\frac{B\times p}{q}$, telle est donc la valeur qui correspond à $\frac{A\times p}{q}$. Mais on a évidemment :

$$A\times\frac{p}{q} : A :: B\times\frac{p}{q} : B.$$

Il y a donc proportion entre deux valeurs quelconques de A et les valeurs correspondantes de B.

2° *Si deux grandeurs sont inversement proportionnelles l'une de l'autre, toutes les fois que l'une d'elles devient un nombre entier de fois plus grande ou plus petite, elles le sont dans tous les cas.*

Soient A et B les deux grandeurs : si A devient m fois plus grand ou m fois plus petit, m étant entier, B devient, par hypothèse, m fois plus petit ou m fois plus grand, il s'agit de prouver que, cela étant, quelles que soient les valeurs attribuées à A, les valeurs correspondantes de B seront inversement proportionnelles. Supposons, en effet, que A soit multiplié par une fraction $\frac{p}{q}$, on peut supposer pour cela qu'il devienne p fois plus grand, et ensuite q fois plus petit; mais alors, d'après l'hypothèse, B deviendra successivement $\frac{B}{p}$ et $\frac{B \times q}{p}$. Mais on a évidemment :

$$A \times \frac{p}{q} : A :: B : B \times \frac{q}{p}.$$

Les deux valeurs de A sont donc inversement proportionnelles à celles de B.

D'après ces deux principes, pour établir la proportionnalité de deux grandeurs, il suffit d'examiner le cas où l'une d'elles est multipliée ou divisée par un nombre entier.

Exemple I. Il est évident que pour faire un voyage, deux, trois... dix fois plus long, ou deux, trois... dix fois moins long, il faut deux, trois... dix fois plus, ou deux, trois... dix fois moins de vivres. On en conclut que la quantité de vivres nécessaires est, dans tous les cas, proportionnelle à la durée du voyage.

Exemple II. Il est évident que si le mètre carré d'une étoffe est deux, trois... dix fois plus cher, ou deux, trois... dix fois moins cher, la longueur que l'on peut en acheter avec une somme donnée d'argent, est deux, trois... dix fois moindre, ou deux, trois... dix fois plus grande. On en conclut que le prix du mètre carré d'une étoffe est, dans tous les cas, inversement proportionnel à la longueur que l'on peut acheter avec une somme donnée d'argent.

Règle de trois simple.

220. Une règle de trois simple est une question dans laquelle, la valeur d'une grandeur étant connue, ainsi que celle d'une autre grandeur à laquelle la première est directement ou inversement proportionnelle, on calcule ce que la première devient, pour une nouvelle valeur attribuée à la seconde.

Si les deux grandeurs sont directement proportionnelles, la règle est directe; dans le cas contraire, elle est inverse.

EXEMPLE I. *Une usine produit annuellement* 1500 *quintaux de cuivre; sa consommation en charbon est de* 4892 *quintaux. Si la production annuelle s'élevait à* 2755 *quintaux, que deviendrait la consommation du charbon?*

La consommation du charbon est directement proportionnelle à la quantité du cuivre produit; il s'agit donc ici d'une règle de trois directe. Si nous représentons par la lettre x la consommation cherchée, nous aurons la proportion

$$1500 : 4892 :: 2755 : x;$$

d'où l'on tire

$$x = \frac{2755 \times 4892}{1500}.$$

EXEMPLE II. 25 *ouvriers ont travaillé* 15 *jours pour faire un certain ouvrage, combien* 17 *ouvriers mettront-ils de temps à faire le même ouvrage?*

Le temps nécessaire est inversement proportionnel au nombre d'ouvriers; si donc on nomme x le nombre de jours cherché, on aura

$$25 : 17 :: x : 15;$$

d'où l'on tire

$$x = \frac{15 \times 25}{17}.$$

REMARQUE. Dans les deux exemples précédents, nous avons admis la proportionnalité directe ou inverse des grandeurs considérées. C'est là une *supposition* qui doit être considérée comme faisant partie de l'énoncé; dans l'immense majorité des cas analogues cette supposition n'est pas tout à fait exacte. Si cent ouvriers, réunis dans une usine, produisent un certain ouvrage, chacun d'eux, privé du secours des autres, n'en produirait pas la centième partie, souvent même il serait incapable de travailler utilement.

Règle de trois composée.

230. Une règle de trois composée, est une question dans laquelle la valeur d'une quantité étant connue, ainsi que celle de plusieurs autres dont elle dépend et à chacune desquelles elle est directement ou inversément proportionnelle, on calcule ce que cette quantité devient lorsque toutes les autres prennent de nouvelles valeurs.

EXEMPLE. 25 *ouvriers travaillant* 11^h *par jour pendant* 18 *jours, ont élevé un mur dont les dimensions sont : hauteur* 3^m, *longueur* 125^m, *épaisseur* 0^m,50. *Combien faudrait-il de jours, à* 33 *ouvriers travaillant* 10^h *par jour, pour élever un mur ayant les dimensions suivantes : hauteur* 4^m, *longueur* 210^m, *épaisseur* 0^m,75.

On *suppose* ici que le temps nécessaire soit proportionnel à chacune des dimensions du mur et inversement proportionnel au nombre des ouvriers, et à la durée du travail journalier

On a l'habitude de disposer les données d'une règle de trois, sur deux lignes horizontales, de telle manière que les deux valeurs de chaque espèce de grandeur soient l'une au-dessus de l'autre; ainsi, en désignant dans la question actuelle par x le nombre de jours cherché, on écrira les deux lignes suivantes :

Ouvriers.	Heures.	Jours.	Hauteur.	Longueur.	Épaisseur.
25	11	18	3	125	0,50
33	10	x	4	210	0,75

Nous supposerons que, prenant pour point de départ les diverses hypothèses consignées dans la première ligne, on change *successivement* les nombres 25, 11, 3, 125 et 0,50, dans les nombres correspondants de la seconde ligne; et nous chercherons quelles valeurs prend le nombre de jours par suite de chacun de ces changements.

On supposera d'abord que le nombre des ouvriers varie seul, et de 25 devienne 33 et on cherchera ce que doit devenir le nombre de jours de travail. On supposera ensuite que les ouvriers travaillent 10^h par jour au lieu de 11 et on cherchera le nombre de journées nécessaires, après ce nouveau changement; on considérera enfin, successivement, l'influence de chacun des changements apportés aux dimensions du mur, de telle sorte qu'il y aura en réalité cinq règles de trois simples à résoudre ; la dernière fournira le résultat demandé.

On indique ordinairement ces diverses questions de la manière suivante :

Ouvriers.	Heures.	Jours.	Hauteur.	Longueur.	Épaisseur.
25	11	18	3	125	0,50
33	11	x_1	3	125	0,50
33	10	x_2	3	125	0,50
33	10	x_3	4	125	0,50
33	10	x_4	4	210	0,50
33	10	x	4	210	0,75

dans ces lignes horizontales sont inscrites les valeurs que l'on suppose successivement aux divers éléments dont dépend le nombre de jours, et les lettres par lesquelles on désigne les valeurs correspondantes de ce nombre de jours. Il faut, partant de la valeur 18 qui est inscrite dans la première ligne, calculer x_1, puis x_2, x_3, x_4 et enfin x qui est la véritable inconnue de la question. Or, on a évidemment les proportions suivantes :

$$18 : x_1 :: 33 : 25$$
$$x_1 : x_2 :: 10 : 11$$
$$x_2 : x_3 :: 3 : 4$$
$$x_3 : x_4 :: 125 : 210$$
$$x_4 : x :: 0{,}50 : 0{,}75$$

Pour déduire de ces proportions la valeur de x, le plus simple est de les multiplier terme à terme et de supprimer dans le premier rapport les facteurs x_1, x_2, x_3, x_4, qui se trouvent communs aux deux termes, on aura ainsi :

$$18 : x :: 33 \times 10 \times 3 \times 125 \times 0{,}50 : 25 \times 11 \times 4 \times 210 \times 0{,}75$$

d'où l'on tire :

$$x = \frac{18 \times 25 \times 11 \times 4 \times 210 \times 0{,}75}{33 \times 10 \times 3 \times 125 \times 0{,}50}.$$

Type général des règles de trois composées.

231. Toute règle de trois composée est un cas particulier de la question suivante :

Une grandeur M *dépend de plusieurs autres*, A, B, C...., P, Q, R...; *elle est proportionnelle à* A, B, C..., *et inversement proportionnelle à* P, Q, R.... *On sait que* M *a une valeur connue* m *lorsque* A, B, C..., P, Q, R..., *sont respectivement égaux à* a, b, c..., p, q, r...; *et l'on demande ce qu'il deviendra lorsque ces divers éléments prendront les valeurs :* a_1, b_1, c_1..., p_1, q_1, r_1.... Au lieu de changer à la fois tous les éléments dont dépend M, on peut les faire varier un à un; on ramène ainsi le problème à autant de questions partielles qu'il y a d'éléments *a, b, c..., p, q, r*. Chacune de ces questions est une règle de trois simple, car il s'agit toujours d'évaluer le changement qu'éprouve une grandeur par la variation d'un seul élément auquel elle est directement ou inversement proportionnelle.

On indique ordinairement ces diverses questions de la manière suivante :

$$\begin{array}{ccccccc} m & a & b & c & p & q & r \\ x_1 & a_1 & b & c & p & q & r \\ x_2 & a_1 & b_1 & c & p & q & r \\ x_3 & a_1 & b_1 & c_1 & p & q & r \\ x_4 & a_1 & b_1 & c_1 & p_1 & q & r \\ x_5 & a_1 & b_1 & c_1 & p_1 & q_1 & r \\ x & a_1 & b_1 & c_1 & p_1 & q_1 & r_1 \end{array}$$

Dans ces lignes horizontales sont inscrites les valeurs successives des grandeurs dont dépend la grandeur M, ainsi que les lettres par lesquelles on désigne les valeurs correspondantes de *m*. Or, *m* étant, par hypothèse, proportionnelle à *a, b, c*, et inversement proportionnelle à *p, q, r*, on a évidemment les proportions

$$\begin{array}{l} m : x_1 :: a : a_1 \\ x_1 : x_2 :: b : b_1 \\ x_2 : x_3 :: c : c_1 \\ x_3 : x_4 :: p_1 : p \\ x_4 : x_5 :: q_1 : q \\ x_5 : x :: r_1 : r \end{array}$$

Pour déduire x de ces proportions, le plus simple est de les multiplier terme à terme et de supprimer les facteurs x_1, x_2, x_3, x_4, x_5, qui sont communs aux deux termes du premier rapport, on aura ainsi :

$$m : x :: a \times b \times c \times p_1 \times q_1 \times r_1 : a_1 \times b_1 \times c_1 \times p \times q \times r$$

d'où l'on tire

$$x=\frac{m\times a_1\times b_1\times c_1\times p\times q\times r}{a\times b\times c\times p_1\times q_1\times r_1}$$

on en déduit la règle suivante :

Connaissant la valeur m *d'une grandeur ainsi que les valeurs* a, b, c, p, q, r, *de quantités auxquelles elle est directement ou inversement proportionnelle, pour calculer la valeur* x *de cette grandeur, correspondant aux valeurs* a_1, b_1, c_1, p_1, q_1, r_1, *de celles dont elle dépend, il faut multiplier* m *par les valeurs primitives* p, q, r, *des quantités auxquelles il est inversement proportionnel et par les valeurs nouvelles* a_1, b_1, c_1, *de celles auxquelles il est directement proportionnel, et diviser ce produit par les valeurs nouvelles* p_1, q_1, r_1, *des quantités auxquelles la grandeur cherchée est inversement proportionnelle, et par les valeurs primitives de celles auxquelles elle est directement proportionnelle.*

RÉSUMÉ.

223. Définition des grandeurs proportionnelles. — 224. Une grandeur peut être proportionnelle à une autre sans dépendre d'elle exclusivement. — 225. Une grandeur peut être à la fois proportionnelle à plusieurs autres. — 226. Des grandeurs inversement proportionnelles. — 227. Une grandeur peut être proportionnelle à certaines grandeurs et inversement proportionnelle à d'autres. — 228. Pour affirmer que deux grandeurs sont proportionnelles, il suffit de démontrer qu'elles varient proportionnellement lorsque l'une d'elles devient un certain nombre de fois plus grande ou plus petite. — La même remarque s'applique aux grandeurs inversement proportionnelles. — 229. Règle de trois simple directe et inverse. — 230. Règle de trois composée. — 231. Type général des règles de trois composées.

EXERCICES.

I. Une grandeur proportionnelle à plusieurs autres est proportionnelle à leur produit.

II. Si une quantité est directement proportionnelle à deux autres, la première restant fixe, les deux autres seront inversement proportionnelles l'une à l'autre.

III. Si une quantité est directement proportionnelle à une autre et en raison inverse d'une troisième, la première restant fixe, les deux dernières seront directement proportionnelles l'une à l'autre.

IV. La profondeur du puits de Grenelle est 505^{m}, et la température du fond du puits $27^{\circ},33$. La température des caves de l'Observatoire, situées à 28^{m} au-dessous du sol, étant $11^{\circ},7$, calculer la température d'une couche située à une profondeur de 217^{m}. On admettra que l'accroissement de température soit proportionnel à la quantité dont on s'enfonce.

V. La source de Chaudes-Aigues (Cantal) donne de l'eau à 88°; calculer d'après les données du problème précédent, et en supposant qu'on puisse assimiler le sol de l'Auvergne à celui de Paris, de quelle profondeur provient l'eau de cette source.

CHAPITRE XIV.

SOLUTION DE QUELQUES PROBLÈMES.

Règles d'intérêt.

232. L'intérêt est le bénéfice que fait sur son argent celui qui le prête. Ce bénéfice dépend de la somme prêtée, du temps pendant lequel on la prête, et d'un troisième élément, nommé *taux de l'intérêt,* qui est l'intérêt de 100 fr. pendant un an.

L'*intérêt* est *simple* lorsque la somme prêtée reste la même pendant la durée du prêt; il est *composé* lorsqu'à la fin de chaque année, l'intérêt s'ajoute au capital pour porter intérêt pendant l'année suivante.

Intérêts simples.

233. PROBLÈME I. *Connaissant le taux de l'intérêt, calculer la rente annuelle que rapporte un capital donné.*

Cette rente est évidemment proportionnelle au capital placé, et, comme on connaît sa valeur quand le capital est de 100 fr., la question rentre dans la catégorie des règles de trois simples.

EXEMPLE. Calculer la rente produite par un capital de 75000 fr. Le taux de l'intérêt étant 5 pour 100 (on écrit 5 0/0).

En nommant x cette rente, on a la proportion

$$x : 5 :: 75000 : 100$$

d'où
$$x = \frac{5 \times 75000}{100} = 3750^{f}$$

234. PROBLÈME II. *Calculer l'intérêt d'un capital placé à un taux donné pendant un temps donné.*

L'intérêt cherché est proportionnel à la valeur du capital et à la durée du placement; on connaît d'ailleurs l'intérêt d'un capital de 100 fr., placé pendant un an; cette question rentre donc dans la catégorie des règles de trois composées.

EXEMPLE. Calculer l'intérêt de 38745 fr., placé à 4 0/0 pendant quinze mois, c'est-à-dire $\frac{15}{12}$ d'années.

L'énoncé peut s'écrire de la manière suivante :

100^f rapportent 4^f en 1^an
38745 rapportent x^f en $\frac{15}{12}^{an}$

Il faut calculer x.

Pour appliquer la méthode générale exposée (**231**), on nomme x_1 ce que rapportent 37845 fr. pendant un an, et l'on écrit les deux proportions

$$x_1 : 4 :: 37845 : 100$$
$$x : x_1 :: \frac{15}{12} : 1$$

d'où l'on déduit en les multipliant terme à terme et supprimant le facteur x_1, commun aux deux termes du premier rapport,

$$x : 4 :: 37845 \times \frac{15}{12} : 100$$

d'où l'on tire

$$x = \frac{4 \times 37845 \times \frac{15}{12}}{100} = \frac{4 \times 37845 \times 15}{1200}.$$

233. Problème III. *Calculer pendant combien de temps un capital doit être placé à un taux donné pour rapporter un intérêt donné.*

Le temps cherché est inversement proportionnel au capital placé, et directement proportionnel à l'intérêt que l'on veut obtenir. Il est évident, en effet, que le capital devenant deux, trois.... fois plus grand, ou deux, trois.... fois plus petit, le temps nécessaire à la production d'un même intérêt deviendra deux ; trois.... fois moindre, ou deux, trois.... fois plus grand, et qu'au contraire, si l'intérêt que l'on veut obtenir devient deux, trois.... fois plus grand, ou deux, trois.... fois plus petit, le capital restant le même, la durée du placement devra être deux, trois.... fois plus grande ou plus petite. On sait d'ailleurs qu'il faut une année à un capital de 100 fr. pour rapporter un intérêt connu, la question rentre donc dans la catégorie des règles de trois composées.

Exemple. Après combien de temps 22840 fr. placés à 4 pour 100 par an, auront-ils produit 1000 fr. d'intérêt ? On peut écrire la question de la manière suivante :

En 1^an	100^f	rapportent	4^f
En x	22840		1000

et l'on trouve en appliquant la règle générale (231)

$$x \times \frac{100 \times 1000}{22840 \times 4}.$$

236. Problème IV. *Un capital connu, ayant produit un intérêt connu pendant un temps donné, calculer le taux de l'intérêt.*

Le taux de l'intérêt est l'intérêt de 100 fr. pendant un an, et comme l'intérêt d'une somme est proportionnel à la valeur de cette somme et à la durée du placement, ce problème rentre comme les précédents dans la catégorie des règles de trois composées.

Exemple. 25000 fr., placés pendant trois mois, ont produit 400 fr. d'intérêt; à quel taux?

On peut écrire cette question à la manière des règles de trois.

$$\begin{array}{ccc} 25000^f & \frac{3}{12}^{an} & 400^f \\ 100^f & 1 & x \end{array}$$

et l'on trouve en remarquant que l'inconnue x est directement proportionnelle aux deux quantités dont elle dépend, et, appliquant la règle générale donnée (231).

$$x = \frac{100 \times 400}{25000 \times \frac{3}{12}} = \frac{12 \times 100 \times 400}{25000 \times 3} = \frac{480000}{75000} = 6^f,40.$$

Règle d'escompte.

237. Quand on veut hâter l'époque d'un payement, on subit une retenue qui porte le nom d'escompte. On distingue l'escompte en dehors et l'escompte en dedans.

Escompte en dehors.

L'escompte en dehors est l'intérêt que produirait la somme à payer pendant le temps qui doit s'écouler jusqu'à l'époque de son échéance. La règle d'escompte en dehors ne diffère donc pas d'une règle d'intérêt simple.

Exemple. Une somme de 1500 fr. est payable dans cinq mois;

le taux de l'intérêt étant 5 pour 100 quel sera l'escompte en dehors?

L'escompte en dehors est, par définition, l'intérêt de 1500 fr. pendant cinq mois, c'est-à-dire (231).

$$\frac{1500 \times \frac{5}{12} \times 5}{100} = 31^f,25.$$

238. Remarque. Dans l'exemple précédent, la somme payée cinq mois d'avance ne sera que $1500^f - 31^f,25$, c'est-à-dire $1468^f,75$; on retient cependant l'intérêt de 1500 fr.; la convention qui sert de base à la règle d'escompte en dehors, n'est donc pas entièrement rationnelle.

Escompte en dedans.

239. L'escompte en dedans se calcule de telle sorte, que la somme payée, si on la plaçait jusqu'à l'époque de l'échéance du billet, produisit un intérêt égal à la retenue qui a été faite.

Supposons qu'une somme de 700^f soit payable dans 7 mois, calculons l'escompte en dedans qu'elle doit subir: en supposant le taux de l'intérêt à 5 0/0.

Cherchons d'abord l'intérêt d'une somme de 100^f placée pendant 7 mois ou $\frac{7}{12}$ d'année, en le désignant par x, on aura :

$$x : 5 :: \frac{7}{12} : 1,$$

d'où l'on tire :

$$x = 5 \times \frac{7}{12} = 2\,\frac{11}{12}.$$

En sorte que, une somme de 100^f payée aujourd'hui, vaudra dans 7 mois $102^f\,\frac{11}{12}$; réciproquement, une somme de $102^f\,\frac{11}{12}$, payable dans sept mois, serait acquittée par un payement immédiat de 100 fr.

Son escompte serait donc $2^f\,\frac{11}{12}$.

La question peut donc être énoncée de la manière suivante :

Une somme de $102^f\,\frac{11}{12}$ payable dans 7 mois subit un escompte de $2^f\,\frac{11}{12}$.

Quel sera l'escompte d'une somme de 700^f payable dans le même temps?

Or, l'escompte d'une somme est évidemment proportionnel,

toutes choses égales d'ailleurs, à la valeur de cette somme, on aura donc :

$$700 : 102\tfrac{11}{12} :: x : 2\tfrac{11}{12},$$

d'où

$$x = \frac{700 \times (2 + \frac{11}{12})}{102 + \frac{11}{12}}.$$

En général, pour déterminer l'escompte en dedans d'une somme, on calcule l'intérêt de 100 francs pendant le temps qui doit s'écouler jusqu'à l'échéance de cette somme, cet intérêt est évidemment l'escompte qu'il faudrait faire sur une somme égale à 100 francs augmentés de cet intérêt; et l'on peut, à l'aide de cette remarque, calculer l'escompte d'une somme quelconque par une simple proportion.

240. Remarque. L'escompte en dedans d'une somme est proportionnel à cette somme; mais ne l'est, ni au taux de l'intérêt, ni au temps qui doit s'écouler jusqu'à son échéance.

Intérêts composés.

241. Une somme est placée à intérêts composés, lorsque, au lieu d'en retirer l'intérêt à la fin de chaque année, on l'ajoute au capital, pour qu'il produise lui-même intérêt pendant l'année suivante.

242. Problème I. *Calculer ce que devient une somme placée à intérêts composés pendant un nombre donné d'années.*

Désignons cette somme par la lettre A, par r le taux de l'intérêt, c'est-à-dire l'intérêt de 100 fr. pour un an, et enfin par n le nombre d'années du placement.

Cherchons d'abord ce que devient cette somme après avoir été placée pendant un an; l'intérêt de 100 francs étant r, celui de A francs sera donné par la proportion :

$$x : r :: \text{A} : 100,$$

d'où l'on déduit :

$$x = \frac{r \times \text{A}}{100},$$

et par conséquent, la somme A deviendra après une année, par l'addition de son intérêt :

$$A+\frac{r\times A}{100}=A\left(1+\frac{r}{100}\right).$$

Ainsi donc, pour calculer ce que devient une somme après avoir été placée un an, il faut la multiplier par $\left(1+\frac{r}{100}\right)$.

La somme $A\left(1+\frac{r}{100}\right)$ peut être considérée comme placée au commencement de la seconde année, elle deviendra donc à la fin de cette année :

$$A\left(1+\frac{r}{100}\right)\left(1+\frac{r}{100}\right)=A\left(1+\frac{r}{100}\right)^2.$$

C'est là le capital placé pendant la troisième année, il deviendra donc, à la fin de cette troisième année :

$$A\left(1+\frac{r}{100}\right)^2\times\left(1+\frac{r}{100}\right)=A\left(1+\frac{r}{100}\right)^3.$$

En continuant à raisonner de la même manière, on verra que chaque année le capital se multiplie par le facteur constant $\left(1+\frac{r}{100}\right)$, et que, par conséquent, après n années, il sera multiplié par $\left(1+\frac{r}{100}\right)^n$, en sorte que le capital A; après un placement de n années, sera devenu :

$$A\left(1+\frac{r}{100}\right)^n.$$

REMARQUE. Si la durée du placement n'était pas un nombre entier d'années, on calculerait, par la formule précédente, ce que devient la somme pendant le plus grand nombre d'années renfermé dans la durée du placement, et on ajouterait à cette somme, l'intérêt qu'elle produit pendant la fraction d'année restante.

243. PROBLÈME II. *Quelle somme faut-il placer à intérêts composés, pour produire après* n *années un capital donné?*

Soit B le capital que l'on veut produire, et X la somme inconnue qu'il faut placer, r désignant comme dans la question précédente le taux de l'intérêt, on aura évidemment :

$$X\left(1+\frac{r}{100}\right)^n=B,$$

et, par conséquent, X est le quotient de la division de B par $\left(1+\frac{r}{100}\right)^n$,

$$X=\frac{B}{\left(1+\frac{r}{100}\right)^n}.$$

Remarque. Le problème précédent peut s'énoncer ainsi : *Quelle est la valeur actuelle d'un capital payable dans* n *années?*

Rentes perpétuelles.

Une rente perpétuelle est une somme d'argent que l'on doit toucher *indéfiniment* à la fin de chaque année. En supposant le taux de l'intérêt stationnaire et égal, par exemple, à 5 pour 100, un capital de 100 francs vaut une rente perpétuelle de 5 francs, réciproquement une rente perpétuelle de 5 francs vaut 100 francs.

244. Problème I. *Calculer la valeur d'une rente perpétuelle donnée, le taux de l'intérêt étant connu.*

Soient a la somme que l'on doit toucher à la fin de chaque année, et r pour 100 le taux de l'intérêt. La question revient à chercher le capital qui produit annuellement a francs d'intérêt, c'est-à-dire une rente perpétuelle de a francs. Ce capital X est déterminé (233) par la proportion

$$X : 100 :: a : r$$

d'où l'on tire

$$X=\frac{100\times a}{r}$$

telle est donc la valeur d'une rente perpétuelle de a francs.

REMARQUE. 100 fr. équivalent à une rente de r^f, dont le prochain payement est encore éloigné d'une année; la valeur précédente de X est donc aussi relative au cas où le premier payement de la rente perpétuelle ne doit avoir lieu que dans une année.

245. PROBLÈME II. *Trouver la valeur actuelle d'une rente de a francs par an, dont le premier payement ne doit avoir lieu que dans n années.*

Après $n-1$ années, le premier payement devra se faire dans une année; les autres lui succéderont régulièrement. La rente perpétuelle vaudra donc alors (**243**),

$$\frac{a \times 100}{r}.$$

On peut, par conséquent, assimiler cette rente à une somme $\frac{a \times 100}{r}$ payable dans $n-1$ années, dont la valeur actuelle est (**241**)

$$\frac{a \times 100}{r} \times \frac{1}{\left(1+\frac{r}{100}\right)^{n-1}}.$$

Annuités.

Une annuité est une rente payable pendant un nombre limité d'années.

246. PROBLÈME I. *Calculer la valeur actuelle d'une annuité de a francs, payable pendant n années, le premier payement devant avoir lieu dans un an.*

On suppose le taux de l'intérêt à r pour 100.

Une annuité payable pendant n années, peut être considérée comme la différence de deux rentes perpétuelles, le premier payement de la première devant avoir lieu dans un an, et celui de la seconde dans $n+1$ années. La valeur actuelle de la première de ces rentes est (**244**) $\frac{a \times 100}{r}$ et celle de la seconde (**245**

$\frac{a\times 100}{r}\times\frac{1}{\left(1+\frac{r}{100}\right)^n}$, la différence de ces deux valeurs, ou

$$\frac{a\times 100}{r}-\frac{a\times 100}{r}\times\frac{1}{\left(1+\frac{r}{100}\right)^n}=\frac{a\times 100}{r}\left\{1-\frac{1}{\left(1+\frac{r}{100}\right)^n}\right\},$$

est donc la valeur actuelle de l'annuité.

247. PROBLÈME II. *Quelle somme faut-il payer annuellement pendant* n *années pour acquitter une dette* A, *le premier payement se faisant au bout d'une année, et le taux de l'intérêt étant* r *pour* 100?

Si a désigne l'annuité à payer, la dette qu'elle peut acquitter est (**246**):

$$a\times\frac{100}{r}\left\{1-\frac{1}{\left(1+\frac{r}{100}\right)^n}\right\};$$

on doit donc avoir

$$a\times\frac{100}{r}\left\{1-\frac{1}{\left(1+\frac{r}{100}\right)^n}\right\}=A,$$

et, par conséquent,

$$a=\frac{A}{\frac{100}{r}\left\{1-\frac{1}{\left(1+\frac{r}{100}\right)^n}\right\}}.$$

Partages proportionnels.

248. Partager une grandeur en parties proportionnelles à des grandeurs données, a, b, c, d, c'est la partager en un nombre de parties, égal à celui de ces grandeurs, et qui aient, deux à deux, le même rapport que les grandeurs correspondantes. En arithmétique, la grandeur à partager est représentée par un nombre, ainsi que celles auxquelles ses parties doivent être proportionnelles.

Il résulte de cette définition que des nombres, pour être

dits proportionnels à d'autres, doivent satisfaire à un grand nombre de proportions. Par exemple, pour que x, y, z, u, soient proportionnels à a, b, c, d, il faut que les proportions suivantes aient lieu :

$$x : y :: a : b$$
$$x : z :: a : c$$
$$x : u :: a : d$$
$$y : z :: b : c$$
$$y : u :: b : d$$
$$z : u :: c : d.$$

Mais en changeant les moyens de place, ces six proportions deviennent :

$$x : a :: y : b$$
$$x : a :: z : c$$
$$x : a :: u : d$$
$$y : b :: z : c$$
$$y : b :: u : d$$
$$z : c :: u : d,$$

et toutes les six expriment l'égalité des quatre rapports $x : a$, $y : b$, $z : c$, $u : d$. En général, pour exprimer que plusieurs nombres, $x, y, z \ldots$, sont proportionnels à d'autres nombres $a, b, c \ldots$, il suffit d'écrire que les nombres correspondants, dans les deux séries, forment une suite de rapports égaux :

$$x : a :: y : b :: z : c :: \text{etc.}$$

240. Problème. *Partager un nombre* A *en parties proportionnelles à des nombres donnés* a, b, c...

Nommons $x, y, z\ldots$ les parties inconnues du nombre A ; d'après les explications précédentes, il faut et il suffit que l'on ait

$$x : a :: y : b :: z : c \ldots$$

De cette suite de rapports égaux, on conclut (**222**)

$$x + y + z \ldots : a + b + c \ldots :: x : a :: y : b :: z : c,$$

remarquant que $x + y + z \ldots$ est connu et égal à A, cette proportion devient :

$$\text{A} : a + b + c \ldots :: x : a :: y : b :: z : c,$$

d'où l'on déduit :

$$x = \frac{A \times a}{a+b+c+\ldots}$$

$$y = \frac{A \times b}{a+b+c+\ldots}$$

$$z = \frac{A \times c}{a+b+c+\ldots}$$

En général, *chaque partie est égale au nombre donné A, multiplié par le nombre auquel elle est proportionnelle et divisé par la somme des nombres proportionnels aux diverses parties.*

Règle de société.

250. Les règles de société ont pour but le partage d'un bénéfice entre plusieurs associés en raison des droits de chacun d'eux. Nous supposerons d'abord que les parts soient proportionnelles aux mises, le problème rentre alors dans le précédent.

Exemple. *Trois associés ont mis dans une entreprise, le premier 2500 fr., le second 4200 et le troisième 3000 fr.; le bénéfice étant de 3895 fr., calculer la part de chacun d'eux.*

En nommant x, y, z les trois parts, on aura :

$$2500 : x :: 4200 : y :: 3000 : z$$

De cette suite de rapports égaux on déduit (**222**)

$$2500+4200+3000 : x+y+z :: 2500 : x :: 4200 : y :: 3000 : z$$

Remarquant que la somme des parts, $x+y+z$ est égale au bénéfice total 3895, on aura

$$2500+4200+3000 : 3895 :: 2500 : x :: 4200 : y :: 3000 : z$$

d'où l'on déduit :

$$x = \frac{2500 \times 3895}{2500+4200+3000},\ y = \frac{4200 \times 3895}{2500+4200+3000},\ z = \frac{3000 \times 3895}{2500+4200+3000}$$

en général, *chaque part est égale au bénéfice total multiplié par la mise correspondante et divisé par la somme des mises.*

251. Supposons maintenant que les droits des associés diffèrent, à la fois, à cause de la valeur de leurs mises et du temps pendant lequel elles sont restées dans l'entreprise. Nous admettrons que, pour des placements de même durée, les bénéfices sont proportionnels aux mises, et que, pour des mises égales, ils sont proportionnels à la durée du placement. De cette double supposition on déduira le théorème suivant.

THÉORÈME. *Si plusieurs associés ont placé dans une entreprise des mises* a_1, a_2, a_3, a_4 *pendant les temps*, t_1, t_2, t_3, t_4. *Leurs parts dans les bénéfices seront proportionnelles aux produits* $a_1 \times t_1$, $a_2 \times t_2$, $a_3 \times t_3$, $a_4 \times t_4$.

Considérons par exemple les deux premiers associés dont les mises a_1, a_2 ont été placées dans l'entreprise pendant les temps t_1, t_2. Comparons, successivement, leurs parts x et y, à celle z, d'un associé fictif qui aurait placé la même mise a_1 que le premier, pendant le même temps t_2 que le second. On aura, d'après notre convention :

$$x : z :: t_1 : t_2$$
$$z : y :: a_1 : a_2$$

en multipliant ces deux proportions terme à terme on obtient :

$$x : y :: a_1 \times t_1 : a_2 \times t_2$$

ce qu'il fallait démontrer.

REMARQUE. Le raisonnement précédent pourrait donner lieu à une objection. L'introduction d'un associé fictif altère la valeur des parts x et y, et ce sont les parts ainsi altérées que nous avons comparées. Mais on doit remarquer que la présence d'un nouvel associé, tout en changeant les deux parts, ne change pas leur rapport, et ce rapport était tout ce que nous voulions trouver.

Le théorème précédent réduit une règle quelconque de société, à un problème de partages proportionnels.

EXEMPLE. *Trois associés ont fait un bénéfice de* 12352 *fr. : le premier avait placé dans l'entreprise* 10000 *fr. pendant* 3 *ans, le second* 15000 *fr. pendant* 4 *ans et le troisième* 8000 *fr. pendant* 2 *ans; quelle doit être la part de chacun?*

Les parts doivent être proportionnelles à 10000×3, 15000×4 et 8000×2, c'est-à-dire, à 30000, 60000 et 16000, ou, ce qui revient au même, à 30, 60 et 16; on aura donc (248), en désignant les parts par x, y, z,

$$x=\frac{12352\times30}{106}=3495,84...$$

$$y=\frac{12352\times60}{106}=6991,68...$$

$$z=\frac{12352\times16}{106}=1864,45...$$

Problèmes de mélanges.

252. Problème I. *On a mêlé* 80 *litres de vin à* 0f,75 *le litre avec* 25 *litres de vin à* 0f,60. *Quel est le prix d'un litre du mélange ?*

Le mélange contiendra 105 litres; il suffira donc, pour calculer le prix d'un litre, de diviser le prix total par 105. Or, ce prix total, se compose de 80 fois 0,75 plus 25 fois 0,60, on a donc en nommant x le prix demandé :

$$x=\frac{80\times0,75+25\times0,60}{105}.$$

253. Problème II. *Dans quelle proportion faut-il mélanger du vin à* 0f,80 *le litre avec du vin à* 0f,50 *pour obtenir* 100 *litres de vin à* 0f,62?

Sur chaque litre de vin à 0,50 vendu 0,62 on gagne 0,12.

Sur chaque litre à 0,80 vendu 0,62 on perd 0,18.

Il faut donc, pour qu'il n'y ait ni perte ni gain, qu'en nommant x et y, les quantités de vin de chaque espèce, on ait :

$$x\times0,12=y\times0,18$$

ce qui équivaut à la proportion :

$$x:y::0,18:0,12.$$

La question est donc ramenée à un problème de partages proportionnels. Elle se résoudra par la méthode exposée (249).

Problèmes d'alliage.

254. Le titre d'un alliage renfermant un métal précieux est le rapport du poids de ce métal au poids total de l'alliage. Par exemple un alliage d'argent est au titre de 900 millièmes quand il renferme 900 millièmes de son poids en argent.

255. PROBLÈME. *On a deux lingots d'argent, le premier au titre de* 0,950, *le second au titre de* 0,885, *quelle quantité doit-on prendre de chacun d'eux pour avoir un kilogramme d'argent au titre de* 0,900.

Chaque gramme, au titre de 0,885, apporte dans l'alliage 0,015 d'argent de moins qu'il ne faudrait pour que le titre fût 0,900; au contraire, chaque gramme à 0,950 y apporte 0,050 d'argent, en sus de la proportion demandée. Si donc on nomme x et y les quantités respectives des deux lingots, il y aura compensation, si

$$x \times 0{,}015 = y \times 0{,}050,$$

c'est-à-dire si

$$x : y :: 0{,}050 : 0{,}015.$$

Il suffit donc de partager un kilogramme en deux parties proportionnelles à 0,050 et 0,015, on a donc (249)

$$x = \frac{1^{\text{kil}} \times 0{,}050}{0{,}065} = 0^{\text{kil}},7692\ldots$$

$$y = \frac{1^{\text{kil}} \times 0{,}015}{0{,}065} = 0^{\text{kil}},2307\ldots$$

RÉSUMÉ.

232. Ce qu'on entend par intérêt simple. — 233. Connaissant le taux, calculer l'intérêt d'un capital donné pendant un an. — 234. Intérêt d'un capital donné pendant un temps quelconque. — 235. Pendant combien de temps faut-il placer un capital pour qu'il rapporte un intérêt donné?— 236. Un capital connu ayant rapporté un intérêt connu pendant un temps connu, calculer le taux de l'intérêt. — 237. Ce qu'on entend par escompte. — Escompte en dehors. — 238. La convention qui sert de base à l'escompte en dehors n'est pas entièrement rationnelle. — 239. Escompte en dedans. On ne peut pas assimiler la règle d'escompte en dedans à une règle d'intérêt simple. — 240. L'escompte en dedans est proportionnel à la somme escomptée, mais ne

l'est ni au taux de l'intérêt ni au temps qui doit s'écouler jusqu'à l'échéance. — **241**. Ce qu'on entend par intérêts composés. — **242**. Calculer ce que devient une somme placée à intérêts composés pendant un nombre donné d'années. — **243**. Quelle somme faut-il placer à intérêts composés pour produire après n années un capital donné? — **244**. Ce qu'on entend par rente perpétuelle. — Calculer la valeur d'une rente perpétuelle donnée, le taux de l'intérêt étant connu. La valeur trouvée est relative au cas où le prochain payement est éloigné d'une année. — **245**. Valeur actuelle d'une rente dont le payement ne doit commencer que dans un certain nombre d'années. — **246**. Ce qu'on entend par annuité. — Valeur d'une annuité de a francs payable pendant n années, le premier payement devant avoir lieu dans un an. — **247**. Quelle somme faut-il payer annuellement pendant n années pour acquitter une dette A? — **248**. Ce qu'on entend par partage d'une grandeur en parties proportionnelles à des grandeurs données. — Pour écrire que des nombres sont proportionnels à d'autres, il suffit d'écrire que les nombres correspondants dans les deux séries forment une suite de rapports égaux. — **249**. Moyen de faire le partage d'un nombre en parties proportionnelles à des nombres donnés. — **250**. Application aux règles de société. — **251**. Si les droits des associés diffèrent à cause de la valeur de leurs mises et de la durée du placement, on admet que, pour des placements de même durée, les bénéfices sont proportionnels aux mises, et que, pour des mises égales, ils sont proportionnels à la durée du placement. — Il résulte de cette double supposition, que la part est proportionnelle, pour chacun, au produit de la mise par la durée du placement. — Ce théorème ramène une règle quelconque de société à une question de partages proportionnels. — **252**. Connaissant le prix des substances mélangées, trouver celui d'une quantité donnée du mélange. — **253**. Dans quelle proportion faut-il mélanger deux substances dont le prix est connu pour obtenir une quantité donnée de mélange à un prix connu? — **254**. Ce qu'on entend par titre d'un alliage. — **255**. Dans quelle proportion faut-il allier deux lingots à un titre connu pour avoir une quantité donnée d'argent à un titre donné?

EXERCICES.

I Il y a en France 5586786^hect^,53 de terre produisant du froment. Le produit annuel moyen est de 69530062 hectolitres, et représente une valeur de 1102768037 fr. Calculer la production moyenne d'une propriété de 2^hect^,17 située en France, et son prix, en supposant qu'elle rapporte 3 pour 100.

II. Le sol de la France contient par habitant $1^{hect},57$ que l'on peut décomposer de la manière suivante :

Production d'aliments et de vêtements....	0,89
Culture des bois....................	0,40
Terres en friches, incultes.............	0,23
Constructions, routes, canaux..........	0,04
Rivières, ruisseaux, lacs..............	0,01
	1,57

La surface totale de la France étant 49863692 hectares, on demande le nombre d'hectares de terres incultes ou en friches.

III. La France consomme annuellement 67400 quintaux métriques de cuivre. Sur cette quantité, 1000 quintaux seulement sont produits en France, les autres nations nous fournissent le reste, savoir :

Grande-Bretagne......	43900
Russie...............	8800
Turquie..............	4400
Espagne..............	400
Amérique............	8900
	66400

Former un tableau qui indique, pour un quintal de cuivre consommé en France, combien il en est demandé à chacune des nations ci-dessus mentionnées.

IV. Le capital engagé dans une usine est de 700000 fr., dont une moitié représente le capital fixe (machines et bâtiments), et l'autre est le *fonds de roulement*. Cette usine produit annuellement 8575 tonnes de fonte, qui se vendent au prix de 125 fr. la tonne. Le prix de revient de 100 kilogrammes de fonte se décomposant de la manière suivante :

Minerai 300^{kil} à 1^f les 100^{kil}........	3^f
Coke 200^{kil} à 2^f................	4^f
Salaire des ouvriers...............	0,30
Frais généraux et d'entretien......	1,40
	8,70

On compte, en outre, 10 pour 100 d'intérêts pour le capital

fixe de l'usine, et 7 pour 100 pour le fonds de roulement; quel est le bénéfice annuel? Réduire d'une même quantité le taux de l'intérêt du fonds de roulement et celui du capital fixe, de manière à pouvoir augmenter de 10 pour 100 le salaire des ouvriers, sans changer ce bénéfice?

V. Une usine convertit en fer 10000 tonnes de fonte; on dépense pour produire 100 kilogrammes de fer :

Fonte 132^{kil} à 12,5.	16,15
Charbon de terre 300^{kil} à 1,20.	3,60
Salaire des ouvriers.	2,00
Frais généraux et d'entretien.	1,20
Prix de revient de 100^{kil} de fer.	22,95

Le fonds de roulement étant de 350000 fr., déterminer le prix qu'un capitaliste doit payer cette usine pour que son argent lui rapporte 15 pour 100. On supposera que l'intérêt du fonds de roulement soit compté à 6 pour 100 et que le fer fabriqué se vend 257 fr. la tonne.

VI. Les impôts directs sont répartis entre les 86 départements. Le conseil général de chaque département répartit entre les divers arrondissements la somme à laquelle le département est imposé; le conseil d'arrondissement divise à son tour cette somme entre les communes, et enfin dans chaque commune, l'impôt est réparti entre les individus. Supposant ces répartitions proportionnelles, la première aux revenus des départements, la seconde aux revenus des arrondissements, la troisième aux revenus des communes, et enfin dans une même commune au revenu des individus, prouver que deux individus appartenant à des départements différents sont imposés proportionnellement à leur revenu.

VII. Le gravier aurifère exploité sur les bords du Rhin a une richesse moyenne de 0,00000232 (rapport du poids de l'or au poids total). La valeur totale de l'or retiré annuellement de ce gravier est 45000 fr. Quel est le poids total du gravier soumis au lavage, en supposant la perte due à l'opération de 0,09 (9 pour 100)?

VIII. Les sables aurifères exploités en Sibérie contiennent en moyenne $\frac{3}{4}$ zolotniks d'or sur 1000 livres russes de sable. Sachant que la livre russe contient 96 zolotniks, est-il nécessaire de savoir qu'elle vaut $0^{kil},4095$ pour calculer la quantité d'or contenue dans 1000 kilogrammes de ce gravier ?

IX. Les frais nécessaires pour extraire le cuivre d'un quintal de minerai s'élèvent à 5 fr. 75 ; on achète une certaine quantité de minerai dont la teneur en cuivre est 12 pour 100, au prix de 18 fr. le quintal; le cuivre perdu dans l'opération s'élevant aux deux centièmes de celui que le minerai contient, à quel prix reviendra le quintal de cuivre?

X. Les autres données restant les mêmes que dans la question précédente, calculer ce que l'on doit payer le quintal de minerai, pour que le quintal de cuivre revienne à 200 fr.

XI. Sur un chemin de fer, le nombre des places prises dans les voitures de première classe a été, pendant le premier semestre, $\frac{8}{67}$ du nombre total des places. Ce rapport s'est élevé, pendant le second semestre, à $\frac{1}{7}$, et il est, pour l'année entière $\frac{3}{22}$. Déduire de ces données le rapport du nombre des voyageurs du premier semestre au nombre de ceux du second semestre, et calculer ces deux nombres, en supposant qu'il y ait eu 206000 voyageurs de plus pendant le second semestre.

CHAPITRE XV.

THÉORIE DES CARRÉS ET DES RACINES CARRÉES.

Carré de la somme de deux nombres.

256. Soit $(a+b)$ la somme proposée. En faire le carré, c'est multiplier $a+b$ par $a+b$, or, il faut pour cela (**37**), multiplier les deux parties du multiplicande par les deux parties du multiplicateur et ajouter les résultats, on a donc

$$(a+b)^2 = a \times a + b \times a + a \times b + b \times b,$$

c'est-à-dire

$$(a+b)^2 = a^2 + 2a \times b + b^2;$$

résultat qui s'énonce ainsi : *le carré de la somme de deux nombres est égal au carré du premier, plus deux fois le produit du premier par le second, plus le carré du second.*

Remarque. *La différence des carrés de deux nombres entiers consécutifs est le double du plus petit, augmenté d'une unité.*

Si, en effet, on désigne ces deux nombres par a et $a+1$, on aura :

$$(a+1)^2 = a^2 + 2a + 1,$$

la différence $(a+1)^2 - a^2$, est donc $2a+1$.

Carré d'un produit.

257. Soit $a \times b \times c \times d$ un produit quelconque, en former le carré, c'est multiplier $a \times b \times c \times d$ par $a \times b \times c \times d$; le résultat de cette multiplication est (**50**) le produit de huit facteurs :

$$a \times b \times c \times d \times a \times b \times c \times d,$$

mais on peut remplacer (30) deux facteurs par leur produit effectué, et par conséquent écrire ce produit sous la forme :

$$a^2 \times b^2 \times c^2 \times d^2,$$

ainsi donc : *le carré d'un produit est le produit des carrés des facteurs.*

258. Remarque. Si quelques-uns des facteurs sont des puissances, il suffira pour les élever au carré de doubler leurs exposants. Soit par exemple à former le carré de a^5, a^5 étant le produit de 5 facteurs égaux à a, son carré est le produit de 10 facteurs égaux à a, et par conséquent a^{10}.

Théorèmes relatifs aux carrés.

259. Théorème I. *Le carré d'un nombre entier ne peut être terminé par aucun des chiffres* 2, 3, 7 *ou* 8.

Lorsqu'on multiplie un nombre entier par lui-même, les unités du produit, proviennent du produit des unités du multiplicande par celles du multiplicateur, c'est-à-dire du carré du chiffre des unités. Or, quel que soit ce chiffre des unités, son carré est : 0, 1, 4, 9, 16, 25, 36, 49, 64 ou 81, et n'est, par conséquent, terminé par aucun des chiffres 2, 3, 7 ou 8.

260. Remarque. Si des nombres sont terminés par 0, 1, 2, 3, 4, 5, 6, 7, 8 ou 9, leurs carrés le sont respectivement par 0, 1, 4, 9, 6, 5, 6, 9, 4 ou 1 ; si donc un carré est terminé par 0 ou 5, il en est de même du nombre correspondant, mais, dans tout autre cas, le dernier chiffre du carré étant connu, il y a deux valeurs possibles pour celui du nombre lui-même; ainsi les carrés terminés par 1, 4, 9, 6 proviennent respectivement de nombres terminés par 1 ou 9, 2 ou 8, 3 ou 7, 4 ou 6.

261. Théorème II. *Le carré d'un nombre entier ne peut être terminé par un nombre impair de zéros.*

Pour que le carré d'un nombre soit terminé par un zéro, il faut (260) que le nombre lui-même le soit. On peut donc le représenter par $A \times 10^n$, A étant un nombre entier non terminé par un zéro, et n le nombre des zéros, peut-être égal à 1, qui le suivent. Le carré de ce nombre, $A^2 \times 10^{2n}$, est évidemment terminé par $2n$ zéros; $2n$ étant un nombre pair, la proposition est démontrée.

202. Théorème III. *La condition nécessaire et suffisante pour qu'un nombre entier soit le carré d'un autre nombre entier est que tous ses facteurs premiers aient des exposants pairs.*

1° Cette condition est nécessaire, car, un nombre, décomposé en facteurs premiers, on forme son carré en doublant les exposants de ses facteurs qui, par là, deviennent tous pairs.

2° Cette condition est suffisante, car, si elle est remplie, en divisant par 2 les exposants des facteurs premiers, on formera un nouveau nombre entier qui, élevé au carré, reproduira le premier.

203. Remarque. Un nombre entier qui admet un diviseur premier p, sans être divisible par son carré p^2, ne peut pas être un carré; car si on le décomposait en facteurs premiers, le facteur p y entrerait évidemment à la première puissance et par conséquent avec un exposant impair.

Par exemple, un carré ne peut être divisible par 2 sans l'être par 4, par 3 sans l'être par 9, par 5 sans l'être par 25.

204. Théorème IV. *Aucune fraction n'a pour carré un nombre entier.*

Soit $\frac{a}{b}$ une fraction, que nous supposerons réduite à sa plus simple expression, son carré est évidemment $\frac{a^2}{b^2}$; or, a étant premier avec b, a^2 (111) est premier avec b^2, il est donc impossible que $\frac{a^2}{b^2}$ soit entier.

205. Remarque. a^2 étant premier avec b^2, $\frac{a^2}{b^2}$ est (143) irréductible. Et comme ses deux termes sont des carrés, on conclut que le carré d'une fraction étant réduit à sa plus simple expression a toujours pour termes des carrés.

Définition de la racine carrée.

266. Lorsqu'un nombre A est le carré d'un autre nombre B, on dit que B est la racine carrée de A, et on l'écrit ainsi :

$$B=\sqrt{A}$$

EXEMPLES. 4 étant le carré de 2, 2 est la racine carrée de 4. $\frac{9}{25}$ étant le carré de $\frac{3}{5}$, $\frac{3}{5}$ est la racine carrée de $\frac{9}{25}$.
Et l'on écrit :

$$2=\sqrt{4},\ \frac{3}{5}=\sqrt{\frac{9}{25}}.$$

267. Lorsqu'un nombre N, n'est le carré d'aucun nombre entier ou fractionnaire, la définition de sa racine carrée exige quelques développements.

On dit qu'un nombre est plus grand ou plus petit que $\sqrt{N}$ suivant que son carré est plus grand ou plus petit que N; d'après cela, pour définir *les grandeurs dont* $\sqrt{N}$ *est la mesure*, supposons, par exemple, qu'après avoir adopté une certaine unité de longueur on regarde tous les nombres comme exprimant des longueurs portées sur une même ligne droite à partir d'une origine donnée. Une portion de cette ligne recevra les extrémités des longueurs dont la mesure est moindre que $\sqrt{N}$, et une autre portion celles des lignes dont la mesure est plus grande que $\sqrt{N}$; entre ces deux régions, il ne pourra évidemment exister aucun intervalle, mais, seulement, un *point de démarcation*. La distance à laquelle se trouve ce point, est, par définition, mesurée par $\sqrt{N}$.

268. REMARQUE I. Nous avons défini seulement la grandeur dont $\sqrt{N}$ est la mesure, et en effet, il n'est pas possible de définir directement un nombre abstrait. Si l'on réfléchit aux définitions données, même dans les cas simples des nombres entiers ou fractionnaires, on verra qu'elles ne sont que l'indication de l'opération à l'aide de laquelle la grandeur dont ils sont la mesure dérive de l'unité.

269. REMARQUE II. Lorsqu'un nombre n'est ni entier ni

fractionnaire, il est dit incommensurable. Tout nombre entier qui n'est pas le carré d'un nombre entier, ne pouvant être celui d'une fraction, a une racine carrée incommensurable; les fractions ont aussi, dans le plus grand nombre de cas, une racine carrée incommensurable, car (265), pour qu'une fraction soit le carré d'une autre fraction, il faut que, réduite à sa plus simple expression, elle ait pour termes deux carrés.

Racine carrée d'un nombre à une unité près.

270. La racine carrée d'un nombre à une unité près, est le plus grand nombre entier qui soit contenu dans la racine carrée de ce nombre; c'est, par conséquent, la racine du plus grand carré entier contenu dans le considéré.

Théorème I. *La racine carrée à une unité près, d'un nombre qui n'est pas entier, est la même que celle de sa partie entière.*

Si, en effet, un nombre est compris entre deux entiers consécutifs n et $n+1$, le plus grand carré entier qui y soit contenu est le plus grand carré entier inférieur ou égal à n. La racine carrée à une unité près est donc la même que celle de n.

Exemple. $\frac{7832}{12}$ étant égal à $669\frac{4}{12}$, la racine carrée à une unité près est la même que celle de 669.

271. Théorème II. *Si un nombre entier est exprimé par* $2n$ *ou* $2n-1$ *chiffres, sa racine carrée à une unité près, l'est par* n *chiffres.*

Si, en effet, un nombre a $2n-1$ ou $2n$ chiffres, il est plus petit que 10^{2n} et au moins égal à 10^{2n-1}, la racine carrée de ce nombre est donc moindre que 10^n et au moins égale à 10^{n-1}, et par conséquent sa partie entière a précisément n chiffres.

Exemples. Si un nombre a 10 chiffres, sa racine carrée à une unité près en a 5; s'il en a 21, sa racine carrée à une unité près en a 11.

272. Lorsqu'un nombre est inférieur à 100, la table de multiplication fait connaître le plus grand carré qui y soit contenu, et par conséquent, sa racine carrée à une unité près.

Exemple. La racine carrée de 73, à une unité près, est 8, car 64 est le plus grand carré entier contenu dans 73.

Lorsqu'un nombre est plus grand que 100, sa racine carrée à une unité près, a plus d'un chiffre; la méthode employée pour la trouver repose sur les deux théorèmes suivants :

273. Théorème III. *La racine carrée d'un nombre supérieur à 100 contient précisément autant de dizaines, qu'il y a d'unités, dans la racine carrée du nombre de ses centaines.*

Soit un nombre 732457824 qui contient 7324578 centaines : en désignant par x le nombre de dizaines contenues dans sa racine carrée, cette racine est comprise entre $x \times 10$ et $(x+1) \times 10$; donc 732457824, l'est lui-même, entre le carré de $x \times 10$ ou $x^2 \times 100$, et le carré de $(x+1) \times 10$ ou $(x+1)^2 \times 100$, en sorte que le nombre de ses centaines est compris entre x^2 et $(x+1)^2$, la racine carrée à une unité près de ce nombre de centaines est donc égale à x.

274. Remarque. Le nombre des dizaines contenues dans la racine carrée d'un nombre entier est (**273**) la racine carrée à une unité près du nombre obtenu en supprimant ses deux derniers chiffres; le nombre des dizaines de cette nouvelle racine, est, par la même raison, la racine carrée du nombre obtenu en supprimant de nouveau les deux derniers chiffres; en supprimant deux nouveaux chiffres, la racine carrée du nombre restant est le nombre des dizaines contenues dans ces dizaines de dizaines, et ainsi de suite; mais les dizaines de dizaines sont des centaines, les dizaines de centaines sont des mille, etc.; par conséquent :

Le nombre des dizaines contenues dans la racine carrée d'un nombre entier, est la racine carrée à une unité près, du nombre obtenu en supprimant ses deux derniers chiffres;

Le nombre des centaines contenues dans la racine carrée d'un nombre entier, est la racine carrée à une unité près, du nombre obtenu en supprimant ses quatre derniers chiffres;

Le nombre des mille contenus dans la racine carrée d'un nombre entier, est la racine carrée à une unité près, du nombre obtenu en upprimant ses six derniers chiffres, etc.

275. THÉORÈME IV. *En retranchant d'un nombre entier le carré des dizaines de sa racine, et divisant les dizaines du reste par le double de celles de la racine, on obtient un quotient supérieur ou égal au chiffre des unités de la racine.*

Supposons, par exemple, que la racine carrée de 317452 contienne 56 dizaines plus un certain nombre d'unités. Le carré de cette racine contiendra (256) le carré de 56 dizaines, plus le produit de 2 fois 56 dizaines, ou 112 dizaines, par les unités, plus le carré des unités; le carré de 56 dizaines est 3136 centaines. En le retranchant de 317452, le reste, 3852 devra contenir les deux autres parties du carré de la racine. Or, la première de ces deux parties, le produit des unités par 112 dizaines, est un nombre entier de dizaines, qui doit être contenu dans les 385 dizaines de 3852, et, par conséquent, le chiffre des unités ne peut surpasser le quotient de la division de 385 par 112. C'est précisément ce qu'il fallait démontrer.

276. REMARQUE Pour déterminer la valeur exacte du chiffre des unités, il faut essayer successivement la limite fournie par le théorème précédent, si elle est moindre que dix et les nombres d'un chiffre qui lui sont inférieurs. Les essais consistent à former le carré de la racine présumée, si ce carré est contenu dans le nombre proposé, le chiffre essayé est bon, sinon il faut le diminuer. Nous verrons plus loin comment on abrége ces essais en profitant de calculs faits antérieurement.

Règle générale pour l'extraction de la racine carrée.

277. Pour trouver combien la racine carrée d'un nombre entier contient de dizaines, il suffit (273) d'extraire la racine d'un nombre ayant deux chiffres de moins. Le nombre de ces dizaines étant connu, on peut (276) trouver le chiffre des unités. La recherche de la racine carrée d'un nombre est donc ramenée à celle d'un nombre qui a deux chiffres de moins; on pourra de même substituer, à ce nouveau nombre, un autre plus simple encore, et ainsi de suite, jusqu'à ce qu'on parvienne à un nombre de un ou deux chiffres, dont on connaîtra immédiatement la racine.

On est ainsi conduit à la règle suivante :

1° *Pour extraire la racine carrée d'un nombre entier, on sépare ce nombre en tranches de deux chiffres à partir de la droite, le nombre de ces tranches, dont la dernière peut n'avoir qu'un chiffre, est celui des chiffres de la racine.*

Si, en effet, il y a n tranches, le nombre proposé contient $2n$ ou $2n-1$ chiffres et alors (271), sa racine carrée a n chiffres.

2° *Le premier chiffre de la racine est la racine carrée, à une unité près, du nombre exprimé par la dernière tranche.*

Considérons, par exemple, le nombre 13764932, auquel nous rapporterons toutes les explications qui vont suivre. Le nombre des dizaines de sa racine carrée (273), est la racine carrée, à une unité près, de 137649. Le nombre de ses centaines est (274) la racine carrée, à une unité près, de 1376, et le nombre de ses mille, la racine carrée, à une unité près, de 13 (274). Or, 13 est précisément la dernière tranche du nombre proposé; la seconde partie de la règle est donc démontrée, et la racine carrée de 13, ou 3, est le premier chiffre de la racine.

3° *Après avoir obtenu ce premier chiffre, on en forme le carré, on le retranche du nombre exprimé par la dernière tranche; à la suite du reste on écrit les deux chiffres qui forment la tranche suivante et on divise les dizaines du nombre* R, *ainsi formé, par le double du premier chiffre de la racine. Le quotient est égal ou supérieur au second chiffre.*

Le nombre des centaines contenues dans la racine, est, en effet (274), la racine carrée, à une unité près, de 1376. Pour trouver le nombre de ces centaines, c'est-à-dire les deux premiers chiffres de la racine cherchée, il suffit donc d'extraire la racine de 1376 dont on connaît déjà le chiffre des dizaines, 3; pour cela, on retranchera de 1376, le carré des trois dizaines de sa racine, et, en divisant les dizaines du reste, par le double de celles de sa racine, on obtiendra (275) un quotient supérieur ou égal au chiffre des unités.

Le carré de 3 dizaines est 9 centaines, qui, retranchées de 1376 laissent pour reste 476; en divisant 47 par 6, le quotient est 7; le chiffre des unités de la racine de 1376, c'est-à-dire le second chiffre de la racine cherchée, ne peut donc pas surpasser 7.

4° *On détermine la valeur exacte de ce second chiffre, en essayant successivement le quotient trouvé, s'il est moindre que* 10, *et les nombres d'un chiffre qui lui sont inférieurs. Pour faire ces essais, on double le premier chiffre de la racine, on écrit, à la droite du résultat, le chiffre à essayer, et on multiplie le nombre ainsi formé par le chiffre essayé lui-même. Si le produit est moindre que le nombre* R_1, *défini* (3°), *le chiffre essayé est bon, sinon, il faut essayer le chiffre inférieur d'une unité et ainsi de suite si ce dernier est trop fort.*

Le nombre R_1, défini (3°), est dans le cas actuel 476. On l'a obtenu en retranchant de 1376 le carré des trois dizaines que contient sa racine. Or, cette racine étant composée de trois dizaines, plus un certain nombre d'unités, son carré se compose (256), du carré de trois dizaines, du produit des unités par le double de trois dizaines et du carré des unités ; la somme de ces trois parties devant être contenue dans 1376, il faut que la somme des deux dernières puisse se retrancher de l'excès de 1376 sur la première partie, c'est-à-dire de 476. Or, c'est précisément dans cette vérification que consiste la quatrième partie de la règle; et en effet, lorsque pour essayer 7 on le multiplie comme il est indiqué, par le nombre 67, le produit se compose de $7 \times 7 + 7 \times 60$, c'est-à-dire du carré des unités présumées, plus le produit de ces unités par le double des dizaines. Si donc le produit ne peut pas se retrancher de 476, le chiffre 7 est trop fort.

Dans le cas actuel ce produit est égal à 469; il peut se retrancher de 476 et laisse pour reste 7. Le chiffre 7 est donc bon. L'opération nous apprend, en outre, que l'excès de 1376 sur le carré de 37 est égal à 7.

5° *A la droite du reste obtenu dans l'essai qui a réussi, on écrit les deux chiffres de la tranche suivante et on divise les dizaines du nombre* R_2 *ainsi formé, par le double du nombre qu'expriment les deux premiers chiffres de la racine; le quotient est supérieur ou égal au troisième chiffre.*

Le nombre des dizaines contenues dans la racine, est (274) la racine carrée, à une unité près, de 137649. Il suffit donc, pour trouver le nombre de ces dizaines, c'est-à-dire l'ensemble des trois premiers chiffres de la racine, d'extraire la racine carrée de 137649, dont on connaît déjà le nombre de dizaines 37. Pour cela, on retranchera de 137649 le carré des 37 dizaines de sa racine, et en divisant les dizaines du reste, par le double de celles de la racine, on obtiendra (278) un quotient supérieur ou égal au chiffre de ses unités

Le carré de 37 dizaines est 1369 centaines. L'excès de 137649 sur le carré de 37 dizaines, ou le nombre R_2, est donc 749; en divisant le nombre de ses dizaines, 74, par 74 double de 37, le quotient est 1; le chiffre des unités de la racine de 137649, c'est-à-dire le troisième chiffre de la racine cherchée, ne peut donc pas surpasser 1.

6° *On détermine la valeur exacte de ce troisième chiffre, en essayant successivement le quotient trouvé s'il est moindre que* 10, *et les nombres d'un chiffre qui lui sont inférieurs. Pour faire ces essais on double le nombre formé par l'ensemble des deux premiers chiffres, on écrit à sa droite le chiffre à essayer, et on multiplie le nombre ainsi formé, par le chiffre essayé lui-même. Si ce produit peut se retrancher du nombre* R_2, *défini* (5°), *le chiffre essayé est bon, sinon, il faut le diminuer d'une unité et l'essayer de nouveau.*

Le nombre R_2, défini (5°), est, dans le cas actuel, 749, on l'a obtenu en retranchant de 137649 le carré des 37 dizaines de sa racine. Or, cette racine étant composée de 37 dizaines, plus un certain nombre d'unités, son carré se compose du carré de 37 dizaines, du produit des unités par le double de 37 dizaines et du carré des unités. La somme de ces trois parties devant être contenue dans 137649, il faut que la somme des deux dernières puisse se retrancher de l'excès de 137649 sur la première partie, c'est-à-dire de 749. Or, c'est précisément dans cette vérification que consiste la sixième partie de la règle; en effet, lorsque pour essayer 1 on multiplie, comme il est indiqué, le chiffre 1 par le nombre 741, le produit se compose de $1\times 1+1\times 740$, c'est-à-dire du carré des unités, et du produit des unités par le double des dizaines. Si donc ce produit ne pouvait pas se retrancher de 749, le chiffre 1 serait trop fort.

Dans le cas actuel, le produit est égal à 741, il peut se retrancher de 749 et laisse pour reste 8. Le chiffre 1 est donc bon, l'opération nous apprend en outre, que l'excès de 137649 sur le carré de 371 est 8.

7° *Lorsqu'on a trouvé le troisième chiffre, une marche toute semblable fournit le quatrième, puis le cinquième*, etc.

Ceci n'a pas besoin d'explication.

Dans le cas actuel, pour déterminer le quatrième chiffre de la racine, à la droite du reste 8, on écrira la tranche suivante 32, et on divisera 83, nombre des dizaines du nombre 832 par le double de 371, c'est-à-dire par 742 ; le quotient de cette division étant 0, le chiffre des unités de la racine est 0. Il est évident qu'il n'y a pas lieu de l'essayer.

La racine de 13764932 est donc enfin 3710 et le reste 832, c'est-à-dire que :

$$13764932 = (3710)^2 + 832$$

comme il est d'ailleurs facile de le vérifier.

278. Théorème VI. *Le reste obtenu dans l'extraction d'une racine carrée ne peut jamais surpasser le double de la racine.*

Soient en effet N un nombre entier, et R sa racine carrée à une unité près; le reste de l'opération est la différence $N - R^2$; si ce reste surpassait $2R$, N serait au moins égal à $R^2 + 2R + 1$, c'est-à-dire à $(R+1)^2$ et sa racine serait par conséquent, au moins égale à $(R+1)$.

Réciproquement, si le carré d'un nombre entier R est moindre que N et que la différence $N - R^2$ ne surpasse pas $2R$, ce nombre R est la racine carrée de N à une unité près.

$N - R^2$ étant en effet moindre que $2R + 1$, N est moindre que $R^2 + 2R + 1$, c'est-à-dire que $(R+1)^2$, et, par conséquent, R^2 est le plus grand carré entier qui y soit contenu.

279. Remarque. Il arrive quelquefois que l'habitude du calcul faisant présumer qu'un chiffre à essayer est trop grand, on le diminue immédiatement d'une ou plusieurs unités; en l'essayant après cette diminution, on s'assure qu'il n'est pas trop fort, et s'il est trop faible, on en sera averti en vertu du théorème précédent, parce que le reste correspondant, surpassera le double du nombre formé par les chiffres déjà trouvés à la racine.

Manière de disposer l'opération.

280. Prenons pour exemple le nombre 412234, auquel nous allons appliquer la règle précédente :

412234	642	
36	124	1282
522	4	2
496		
2634		
2564		
130		

1° On décompose le nombre en tranches de deux chiffres; ces tranches étant au nombre de 3, la racine aura 3 chiffres.

2° La racine carrée de la dernière tranche 41, est 6; 6 est donc le premier chiffre de la racine.

3° On retranche de 41 le carré de 6, le reste est 5. A la droite de 5 on écrit la seconde tranche 22 et on divise 52, nombre des dizaines de 522, par le double du chiffre 6 inscrit à la racine. Le quotient 4, de cette division, est le second chiffre de la racine, ou un chiffre trop fort.

4° Pour essayer 4, on l'écrit à la droite du double du premier chiffre, et on multiplie le nombre ainsi formé 124, par 4. Le produit 496 pouvant se retrancher de 522, et laissant pour reste 26, le chiffre 4 est bon.

5° A la droite du reste 26, on écrit la troisième tranche du nombre proposé, et on divise 263, nombre des dizaines du nombre 2634 ainsi formé, par le double du nombre 64 inscrit à la racine, c'est-à-dire par 128. Le quotient 2 de cette division est le troisième chiffre de la racine, ou un chiffre trop fort.

6° Pour essayer 2, on l'écrit à la droite du double du nombre exprimé par les deux premiers chiffres, et on multiplie le nombre 1282, ainsi formé, par 2. Le produit 2564 pouvant se retrancher de 2634, le chiffre 2 est bon et la racine est 642; le reste est 130

Calcul des racines carrées à une approximation donnée.

281. Chercher la racine carrée d'un nombre N à $\frac{1}{n}$ près, c'est chercher le plus grand multiple de $\frac{1}{n}$ contenu dans $\sqrt{N}$. Une pareille recherche peut toujours se ramener au calcul d'une racine carrée à une unité près.

La valeur approchée de la racine étant, en effet, un multiple de $\frac{1}{n}$, peut être désignée par $\frac{x}{n}$, x étant entier. $\frac{x}{n}$ étant le plus grand multiple de $\frac{1}{n}$ contenu dans $\sqrt{N}$, cette racine est moindre que $\frac{x+1}{n}$, et, par conséquent (267), les trois nombres

$$\frac{x^2}{n^2},\ N,\ \frac{(x+1)^2}{n^2}.$$

sont rangés par ordre de grandeur.

En multipliant ces trois nombres par n^2, l'ordre de grandeur ne changera pas, et par conséquent $N \times n^2$ est compris entre x^2 et $(x+1)^2$, c'est-à-dire que x est la racine carrée de $N \times n^2$ à une unité près.

Nous pouvons donc énoncer la règle suivante :

Pour extraire la racine carrée d'un nombre N à un nombre donné $\frac{1}{n}$ près, il faut extraire, à une unité près, la racine carrée du produit $N \times n^2$, et diviser le résultat par n.

Exemple I. Soit à extraire la racine carrée de $\frac{73}{5}$ à $\frac{1}{7}$ près : multiplions $\frac{73}{5}$ par 49, carré de 7, le produit est $\frac{73 \times 49}{5}$, c'est-à-dire $\frac{3577}{5}$ ou $713\frac{2}{5}$; sa racine carrée, à une unité près, la même que celle de 713 (270), est égale à 26, et par conséquent la racine de $\frac{73}{5}$ à $\frac{1}{7}$ près est $\frac{26}{7}$, c'est-à-dire que la racine de $\frac{73}{5}$ est comprise entre $\frac{26}{7}$ et $\frac{27}{7}$.

282. Remarque. Lorsque le dénominateur d'une fraction est un carré parfait b^2, on obtient très-simplement sa racine carrée à moins de $\frac{1}{b}$; il suffit pour cela d'extraire la racine du numérateur à une unité près et de la diviser par b. Cela résulte immédiatement de la règle générale; car, d'après cette règle, pour extraire la racine carrée de $\frac{a}{b^2}$ à $\frac{1}{b}$ près, il faut multiplier $\frac{a}{b^2}$ par b^2, extraire la racine carrée du produit a à une unité près, et diviser le résultat par b, ce qui est précisément l'opération indiquée.

Pour extraire la racine carrée d'une fraction, on commence souvent par rendre son dénominateur un carré parfait, et on profite alors de la remarque précédente. Pour cela, il suffit de multiplier ses deux termes par son dénominateur.

EXEMPLE. Soit à extraire la racine carrée de $\frac{73}{5}$, cette fraction est égale à $\frac{73\times5}{5\times5}$ ou $\frac{365}{25}$. Pour avoir sa racine à $\frac{1}{5}$ près, il suffit donc d'extraire à une unité près la racine carrée de 365, qui est 19, et de la diviser par 5; la racine carrée de $\frac{73}{5}$ à $\frac{1}{5}$ près, est donc $\frac{19}{5}$.

263. Quelquefois, pour rendre le dénominateur d'une fraction un carré parfait, on peut employer un multiplicateur moindre que son dénominateur. Il suffit, en effet (**262**), pour qu'un nombre soit un carré parfait, que tous ses facteurs premiers aient des exposants pairs; ce qui aura évidemment lieu si on le multiplie par le produit de tous ceux qui ont des exposants impairs.

Soit, par exemple, la fraction $\frac{1275}{300}$ ou $\frac{1275}{3\times2^2\times5^2}$; pour rendre son dénominateur un carré parfait, il suffit de multiplier ses deux termes par 3, elle devient ainsi $\frac{3\times1275}{3^2\times2^2\times5^2}$ ou $\frac{3825}{30^2}$; la racine de 3825 à une unité près est 61, et par conséquent celle de $\frac{3825}{30^2}$ à $\frac{1}{30}$ près, est $\frac{61}{30}$.

Calcul d'une racine carrée à $\frac{1}{10^n}$ près.

264. Supposons que le nombre N dont on veut évaluer la racine carrée soit réduit en décimales; d'après la règle précédente, pour extraire sa racine à $\frac{1}{10^n}$ près, il faut le multiplier par 10^{2n}, extraire à une unité près la racine carrée du produit, et diviser le résultat par 10^n. Pour multiplier N par 10^{2n}, on avancera la virgule de $2n$ rangs vers la droite, et pour extraire, à une unité près, la racine carrée du produit, il suffira d'opérer sur sa partie entière; par conséquent, *pour déterminer la racine d'un* *nombre à $\frac{1}{10^n}$ près, il suffit de connaître les* $2n$ *premiers chiffres décimaux de sa valeur en décimales.*

Exemple. Soit à extraire à $\frac{1}{100}$ près la racine carrée de 3,7157248932, il suffit d'avoir quatre chiffres décimaux dans la valeur du nombre proposé, puisqu'on en demande 2 à la racine; on pourra donc réduire le nombre proposé à 3,7157. En multipliant ce nombre par 10000, on obtient 37157, dont la racine carrée, à une unité près, est 193; en la divisant par 100 on obtient 1,93, qui est la racine du nombre proposé à $\frac{1}{100}$ près.

RÉSUMÉ.

256. Carré de la somme de deux nombres. Différence des carrés de deux nombres entiers consécutifs. — **257.** Carré d'un produit. — **258.** Pour élever au carré une puissance d'un nombre, il suffit de doubler l'exposant. — **259.** Le carré d'un nombre entier ne peut être terminé par aucun des chiffres 2, 3, 7 ou 8. — **260.** Si le dernier chiffre d'un carré est 0 ou 5, le nombre lui-même est terminé par 0 ou 5; dans tout autre cas, le dernier chiffre du carré étant connu, il y a deux valeurs possibles pour celui du nombre lui-même. — **261.** Le carré d'un nombre entier ne peut être terminé par un nombre impair de zéros. — **262.** Pour qu'un nombre entier soit le carré d'un autre nombre entier, il faut et il suffit que les facteurs premiers aient des exposants pairs. — **263.** Un nombre qui admet un diviseur premier p sans être divisible par p^2 n'est pas un carré. — **264.** Aucune fraction n'a pour carré un nombre entier. — **265.** Une fraction irréductible ne peut être le carré d'une autre fraction que si les deux termes sont des carrés. — **266.** Définition de la racine carrée lorsqu'elle est entière ou fractionnaire. — **267.** Définition lorsqu'elle est incommensurable. — **268.** On doit se borner à définir la grandeur dont la racine incommensurable est la mesure. Il est impossible de définir autrement un nombre abstrait. — **270.** Racine carrée à une unité près. Elle est la même que celle de la partie entière du nombre proposé. — **271.** Si un nombre est exprimé par $2n$ ou $2n-1$ chiffres, sa racine a n chiffres. — **272.** Si un nombre est inférieur à 100, la table de multiplication fait connaître sa racine carrée. — **273.** La racine carrée d'un nombre supérieur à 100 contient autant de dizaines qu'il y a d'unités dans la racine carrée du nombre de ses centaines. — **274.** On en conclut que le nombre des centaines contenues dans la racine carrée d'un nombre est la racine du nombre obtenu en supprimant ses quatre derniers chiffres, le nombre des mille est la racine du nombre obtenu en supprimant les six derniers chiffres, etc. — **275**. En retranchant d'un nombre entier le carré des dizaines de sa racine et divisant les dizaines du reste par le double de celles de la racine, on obtient un quotient supérieur ou égal au chiffre des unités de la racine. — **276**. Des essais successifs peuvent déterminer la valeur exacte de ce chiffre des unités. — **277**. Les théorèmes précédents permettent d'énoncer immédiatement la règle d'extraction de la racine carrée à une unité près. — **278**. Le reste ne peut jamais surpasser le double de la racine. — **279**. Usage de ce théorème lorsqu'on a diminué un chiffre avant de l'essayer. — **280**. Manière de disposer l'opération. — **281**. L'extraction d'une racine carrée à une approximation donnée se ramène à l'extraction d'une racine à une unité près. — **282**. Lorsque le dénominateur d'une fraction est un carré parfait b^2, pour extraire sa racine à $\frac{1}{b}$ près, il suffit d'extraire à une unité près la racine du numérateur et de la diviser par b. — **283**. Moyen de rendre le dénominateur un carré parfait. — **284**. Racine carrée à $\frac{1}{10^n}$ près, il suffit de connaître $2n$ décimales de la valeur du nombre.

EXERCICES.

I. Tout carré impair divisé par 8 donne pour reste 1.

II. Si, en extrayant la racine carrée d'un nombre N à une unité près, le reste ne surpasse pas N, la racine trouvée est la racine à $\frac{1}{2}$ unité près.

III. La racine de $\frac{n-1}{n}$ à $\frac{1}{n}$ près est $\frac{n-1}{n}$, ce nombre est-il le seul qui soit égal à sa racine à $\frac{1}{n}$ près?

IV. Si un nombre pair est la somme de deux carrés, sa moitié est également la somme de deux carrés.

V. Si a et b sont des nombres premiers entre eux, l'un pair et l'autre impair, la différence de leurs carrés ne peut être un carré que si $a+b$ et $a-b$ sont eux-mêmes des carrés.

VI. Conclure du théorème précédent que les carrés égaux à la somme de deux autres sont tous donnés par la formule

$$\left(\frac{x^2+y^2}{2}\right)^2 = \left(\frac{x^2-y^2}{2}\right)^2 + (xy)^2;$$

x et y désignant des nombres entiers quelconques.

VII. Si a, b, c sont trois nombres inégaux, $a+b+c$ est plus petit que $\sqrt{3(a^2+b^2+c^2)}$.

VIII. a, b, α, β, étant quatre nombres quelconques $(a\alpha+b\beta)^2$ est plus petit que $(a^2+b^2)(\alpha^2+\beta^2)$, l'égalité est possible dans un cas, quel est-il?

IX. Le prix d'un diamant est proportionnel au carré de son poids. Prouver qu'en séparant un diamant en deux morceaux, on diminue la valeur et que la dépréciation est la plus grande possible quand les deux morceaux ont le même poids.

X. Étendre la proposition précédente au cas où le diamant est brisé en un nombre donné de morceaux, la valeur totale de ces morceaux est la moindre possible quand ils ont le même poids.

XI. Si un carré entier a^2 est égal à la somme des deux autres b^2+c^2, l'un des trois nombres a, b ou c est divisible par 5.

CHAPITRE XVI.

THÉORIE DES CUBES ET DES RACINES CUBIQUES.

Quelques théorèmes relatifs aux cubes.

285. Théorème I. *Le cube de la somme de deux nombres, se compose du cube du premier, plus trois fois le produit du second par le carré du premier, plus trois fois le produit du premier par le carré du second, plus le cube du second.*

Soient a et b les nombres proposés, en former le cube, c'est multiplier $(a+b)^2$ par $a+b$, or (**255**)

$$(a+b)^2=a^2+2a\times b+b^2.$$

Pour multiplier cette somme par $a+b$, il faut multiplier les deux parties du multiplicande par a, puis par b, et ajouter les résultats, on obtient ainsi

$$(a+b)^3=a^3+2a^2\times b+b^2\times a+a^2\times b+2a\times b^2+b^3$$

ou, en remarquant que

$$2a^2\times b+a^2\times b=3a^2\times b;\quad b^2\times a+2b^2\times a=3b^2\times a,$$

$$(a+b)^3=a^3+3a^2\times b+3b^2\times a+b^3$$

c'est précisément ce qu'il fallait démontrer.

Remarque. *La différence des cubes de deux nombres entiers consécutifs est égale à trois fois le carré du plus petit, plus trois fois le plus petit, plus* 1. Si, en effet, on désigne ces deux nombres par a et $a+1$, on a, en vertu du théorème précédent,

$$(a+1)^3=a^3+3a^2+3a+1;$$

la différence $(a+1)^3-a^3$ est donc $3a^2+3a+1$.

286. Théorème II. *Le cube d'un produit est égal au produit des cubes des facteurs.*

Soit le produit $a\times b\times c$, on a

$$(a\times b\times c)^3=a\times b\times c\times a\times b\times c\times a\times b\times c,$$

ou, en réunissant les facteurs égaux,

$$(a\times b\times c)^3 = a^3\times b^3\times c^3;$$

c'est précisément ce qu'il fallait démontrer.

REMARQUE. *Pour élever une puissance au cube, il suffit de tripler l'exposant.*

Soit, par exemple, a^4 à élever au cube, a^4 étant le produit de 4 facteurs égaux à a, son cube est évidemment le produit de 12 facteurs égaux à a, c'est-à-dire a^{12}.

287. THÉORÈME III. *Le cube d'un nombre entier est terminé par le même chiffre que le cube du chiffre de ses unités.*

Quand on multiplie l'un par l'autre deux nombres entiers, le chiffre des unités du produit dépend seulement du dernier chiffre de chaque facteur; lors donc que pour élever un nombre au cube, on le multipliera deux fois par lui-même, le chiffre des unités du résultat ne dépendra que du dernier chiffre de ce nombre.

REMARQUE. Les cubes des neuf premiers nombres entiers sont 1, 8, 27, 64, 125, 216, 343, 512, 729. Ils sont tous terminés par des chiffres différents; on pourra donc à l'inspection du cube d'un nombre, savoir immédiatement par quel chiffre ce nombre est terminé. Si le cube est terminé par 0, 1, 2, 3, 4, 5, 6, 7, 8 ou 9, le nombre lui-même le sera par 0, 1, 8, 7, 4, 5, 6, 3, 2, ou 9.

288. THÉORÈME V. *Si le cube d'un nombre entier est terminé par des zéros, leur nombre est divisible par 3.*

Pour qu'un cube soit terminé par un zéro, il faut (287) que le nombre lui-même le soit. On peut donc représenter ce nombre par $A\times 10^n$, A étant un nombre entier non terminé par un zéro et n le nombre des zéros, peut-être égal à 1, qui le suivent. Le cube de ce nombre, $A^3\times 10^{3n}$, est évidemment terminé par $3n$ zéros, $3n$ étant divisible par 3, la proposition est démontrée.

289. THÉORÈME V. *La condition nécessaire et suffisante pour qu'un nombre entier soit le cube d'un autre nombre entier, est que tous les exposants de ses facteurs premiers soient divisibles par 3.*

1° Cette condition est nécessaire, car pour former le cube d'un nombre, que l'on peut toujours décomposer en facteurs premiers, il suffit (280) de tripler les exposants de ces facteurs, qui par là deviennent tous divisibles par 3.

2° Cette condition est suffisante, car, en la supposant remplie et divisant par 3 les exposants des divers facteurs premiers, on formera un nombre, qui, élevé au cube, reproduira le premier.

REMARQUE. Il résulte du théorème précédent qu'un nombre entier qui admet un diviseur premier p, sans être divisible par son cube p^3, ne peut pas être un cube ; car si on le décomposait en facteurs premiers, l'exposant du facteur p y serait 1 ou 2 et par conséquent non divisible par 3.

Par exemple, un cube ne peut pas être divisible par 2 sans l'être par 8, et par conséquent par 4, par 3, sans l'être par 27, et par conséquent par 9.

200. THÉORÈME VI. *Aucune fraction n'a pour cube un nombre entier.*

Soit $\frac{a}{b}$ une fraction que nous supposerons réduite à sa plus simple expression, son cube est évidemment $\frac{a^3}{b^3}$. Or, a étant premier avec b, a^3 l'est avec b^3, il est donc impossible que $\frac{a^3}{b^3}$ soit entier.

REMARQUE. a^3 étant premier avec b^3, $\frac{a^3}{b^3}$ est irréductible et comme ses deux termes sont évidemment des cubes, on en conclut, que le cube d'une fraction étant réduit à sa plus simple expression, a toujours pour termes des cubes.

Définition de la racine cubique.

201. Lorsqu'un nombre A est le cube d'un autre nombre B, on dit que B est la racine cubique de A et on l'écrit ainsi :

$$B=\sqrt[3]{A}.$$

EXEMPLES. 8 étant le cube de 2, 2 est la racine cubique de 8. $\frac{27}{125}$ étant le cube de $\frac{3}{5}$, $\frac{3}{5}$ est la racine cubique de $\frac{27}{125}$; et l'on a :

$$2=\sqrt[3]{8}, \quad \frac{3}{5}=\sqrt[3]{\frac{27}{125}}.$$

292. Lorsqu'un nombre N n'est la racine cubique d'aucun nombre entier ou fractionnaire, la définition de sa racine cubique exige quelques développements.

On dit qu'un nombre est plus grand ou plus petit que $\sqrt[3]{N}$, suivant que son cube est plus grand ou plus petit que N; d'après cela, pour définir *les grandeurs dont* $\sqrt[3]{N}$ *est la mesure,* supposons qu'après avoir adopté par exemple une certaine unité de longueur, on regarde tous les nombres comme exprimant des longueurs portées sur une même ligne droite, à partir d'une même origine; une portion de cette ligne recevra les extrémités des longueurs mesurées par des nombres moindres que $\sqrt[3]{N}$, et une autre portion celles des longueurs mesurées par les nombres plus grands que $\sqrt[3]{N}$; entre ces deux régions il ne pourra évidemment exister aucun intervalle d'étendue finie, mais seulement un point de démarcation, la distance de l'origine à laquelle se trouve ce point, est, par définition, mesurée par $\sqrt[3]{N}$.

Remarque. Nous nous sommes bornés à définir la *grandeur* dont $\sqrt[3]{N}$ est la mesure, et en effet, comme nous l'avons dit (208), il ne nous semble possible de définir un nombre qu'en indiquant comment la *grandeur* qu'il mesure peut se former au moyen de l'unité.

Racine cubique d'un nombre à une unité près.

293. La racine cubique d'un nombre à une unité près, est le plus grand nombre entier qui soit contenu dans sa racine cubique, c'est par conséquent la racine du plus grand cube entier contenu dans ce nombre.

Théorème I. *La racine cubique, à une unité près d'un nombre qui n'est pas entier, est la même que celle de sa partie entière.*

Si, en effet, un nombre est compris entre deux entiers consécutifs N et N+1, le plus grand cube entier qui y soit contenu est le plus grand cube entier inférieur ou égal à N; c'est donc le plus grand cube contenu dans N.

Exemple $\frac{7832}{12}$ étant égal à 669 $\frac{5}{12}$, sa racine cubique à une unité près est la même que celle de 669.

294. Théorème II. *Si un nombre entier est exprimé par* 3n,

$3n-1$ *ou* $3n-2$ *chiffres, sa racine cubique à une unité près, l'est par* n *chiffres.*

Si, en effet, un nombre a $3n-2$, $3n-1$ ou $3n$ chiffres, il est plus petit que 10^{3n} et au moins égal à 10^{3n-3} ou $10^{3(n-1)}$. Sa racine cubique est donc moindre que 10^n et au moins égale à 10^{n-1}, elle a par conséquent n chiffres à sa partie entière.

Exemple. *Si un nombre a 10 chiffres, sa racine cubique en a 4*, car 10 est égal à $3\times4-2$. S'il en a 20, sa racine en a 7, car 20 est égal à $3\times7-1$.

205. Pour extraire la racine cubique des nombres entiers, il est essentiel de connaître les cubes des 9 premiers nombres; ces cubes sont :

1, 8, 27, 64, 125, 216, 343, 512, 729.

La connaissance de ces cubes permettra de dire à la seule inspection d'un nombre moindre que 1000, quelle est sa racine cubique à une unité près.

Exemple. La racine cubique de 613 est 8, car le plus grand cube entier qui y soit contenu est 512.

Lorsqu'un nombre est plus grand que 1000, sa racine cubique à une unité près a plus d'un chiffre. La méthode employée pour la trouver, repose sur les deux théorèmes suivants :

206. Théorème III. *La racine cubique d'un nombre supérieur à 1000 contient précisément autant de dizaines qu'il y a d'unités dans la racine cubique du nombre de ses mille.*

Soit le nombre 832174513 : désignant par x le nombre des dizaines contenues dans sa racine cubique, cette racine est comprise entre $x\times10$ et $(x+1)\times10$; donc 832174513, l'est lui-même, entre le cube de $x\times10$ ou $x^3\times10^3$ et le cube de $(x+1)\times10$ ou $(x+1)^3\times10^3$, c'est-à-dire entre $x^3\times1000$ et $(x+1)^3\times1000$, en sorte que le nombre de ses mille, ou 832174, est compris entre x^3 et $(x+1)^3$; sa racine cubique à une unité près est donc égale à x.

207. Remarque. Le nombre des dizaines contenues dans la racine cubique d'un nombre entier, est la racine cubique à une unité près, du nombre obtenu en supprimant ses trois derniers chiffres; le nombre des dizaines contenues dans cette nouvelle racine est, par la même raison, la racine cubique du nombre

13

obtenu en supprimant trois nouveaux chiffres; en supprimant encore trois chiffres, la racine cubique du nombre restant sera le nombre de dizaines contenues dans les dizaines de dizaines et ainsi de suite. Mais les dizaines de dizaines sont des centaines, les dizaines de centaines sont des mille, etc..., par conséquent:

Le nombre des dizaines contenues dans la racine cubique d'un nombre entier, est la racine cubique du nombre obtenu en supprimant ses trois derniers chiffres.

Le nombre des centaines contenues dans la racine cubique d'un nombre entier, est la racine cubique du nombre obtenu en supprimant ses six derniers chiffres.

Le nombre des mille contenus dans la racine cubique d'un nombre entier, est la racine cubique du nombre obtenu en supprimant ses neuf derniers chiffres, etc....

208. Théorème IV. *En retranchant d'un nombre entier, le cube des dizaines de sa racine, et divisant le nombre des centaines du reste par le triple carré du nombre des dizaines de la racine, on obtient un quotient supérieur ou égal au chiffre de ses unités.*

Supposons, par exemple, que la racine cubique de 573217814 se compose de 83 dizaines, plus un certain nombre d'unités. Le cube de cette racine contiendra (205) le cube de 83 dizaines plus trois fois le produit du carré de 83 dizaines par les unités, plus trois fois le produit du carré des unités par 83 dizaines, plus le cube des unités. Le cube de 83 dizaines est 561787 mille, en le retranchant de 573217814, le reste 11430814 devra contenir les trois autres parties du cube de la racine : or, la première de ces trois parties, le produit des unités par le triple carré de 83 dizaines, c'est-à-dire par 20667 centaines, est un nombre exact de centaines qui doit être contenu dans les 114308 centaines de 11430814; par conséquent, le chiffre des unités ne peut surpasser le quotient de la division de 114308 par 20667. C'est précisément ce qu'il fallait démontrer.

209. Remarque I. Pour déterminer la valeur exacte du chiffre des unités, il faut essayer successivement la limite fournie par le théorème précédent, si elle est moindre que dix, et les nombres d'un chiffre qui lui sont inférieurs. Ces essais consistent à former le cube de la racine présumée, si ce cube est contenu dans le nombre proposé, le chiffre essayé est bon, sinon il faut le diminuer.

Règle générale pour l'extraction de la racine cubique.

300. Les théorèmes précédents ramènent l'extraction de la racine cubique d'un nombre entier à celle d'un nombre qui a trois chiffres de moins. Par la même méthode on ramènera l'extraction de la racine de ce nombre à celle d'un autre plus simple encore, et ainsi de suite, jusqu'à ce qu'on parvienne à un nombre de un, deux ou trois chiffres dont (**295**) on apercevra immédiatement la racine.

On est ainsi conduit à la règle suivante :

1° *Pour extraire, à une unité près, la racine cubique d'un nombre entier, on le sépare en tranches de trois chiffres à partir de la droite, le nombre de ces tranches, dont la dernière peut ne contenir que un ou deux chiffres, est égal à celui des chiffres de la racine.*

Si, en effet, il y a n tranches, le nombre proposé a $3n$ ou $3n-1$ ou $3n-2$ chiffres, et alors (**294**) sa racine cubique a n chiffres.

2° *Le premier chiffre de la racine est la racine cubique à une unité près du nombre exprimé par la dernière tranche.*

Considérons, par exemple, le nombre 83117451342, auquel nous rapporterons pour fixer les idées, toutes les explications qui vont suivre. Le nombre des dizaines de sa racine cubique est (**296**) la racine cubique, à une unité près, de 83117451; le nombre de ses centaines est (**297**) la racine cubique, à une unité près, de 83117, et le nombre de ses mille (**297**) la racine cubique, à une unité près, de 83. Or, 83 est précisément la première tranche à gauche du nombre proposé. La seconde partie de la règle est donc démontrée, et la racine cubique de 83, c'est-à-dire 4, est le premier chiffre de la racine cherchée.

3° *Après avoir obtenu ce premier chiffre, on en forme le cube et on le retranche du nombre exprimé par la première tranche; à la suite du reste, on écrit les trois chiffres qui forment la seconde tranche et on divise le nombre des centaines du nombre* R *ainsi obtenu, par le triple carré du premier chiffre de la racine. Le quotient est égal ou supérieur au second chiffre.*

Le nombre de centaines contenues dans la racine est, en effet, la racine cubique à une unité près de 83117. Pour trouver le nombre de ces centaines, c'est-à-dire les deux premiers chiffres de la racine cherchée, il suffit donc d'extraire la racine cubique de 83117, dont on connaît déjà le chiffre des dizaines 4. Pour cela, on retranchera de 83117 le cube des 4 dizaines de sa racine, et en divisant les centaines du reste par le triple carré de 4, on obtiendra (298) le chiffre des unités ou un chiffre trop fort.

Le cube de 4 dizaines est 64000, qui, retranchés de 83117, laissent pour reste 19117, en divisant 191 par 48, triple carré de 4, le quotient est 3. Le chiffre des unités de la racine de 83117, c'est-à-dire le second chiffre de la racine cherchée ne peut donc pas surpasser 3.

4° *On détermine la valeur exacte de ce second chiffre, en essayant successivement le quotient trouvé, s'il est moindre que 10, et les nombres d'un chiffre qui lui sont inférieurs; pour cela, on écrit le chiffre à essayer à la droite du premier chiffre de la racine; on fait le cube du nombre ainsi obtenu, si ce cube peut se retrancher du nombre formé par les deux premières tranches, le chiffre essayé est bon, sinon, il faut essayer le chiffre inférieur d'une unité.*

La racine cubique de 83117 étant, d'après ce qui précède, tout au plus égale à 43, si nous vérifions, en effet, que 43 n'est pas plus grand que cette racine, il lui sera évidemment égal. Or, c'est là ce que l'on fait en formant le cube de 43 pour voir s'il peut se retrancher de 83117.

Le cube de 43 est 79507, qui, retranché de 83117, laisse pour reste 3610. Le chiffre 3 est donc bon.

5° *A la droite du reste obtenu dans l'essai qui a réussi, on écrit les trois chiffres de la troisième tranche, et on divise les centaines du nombre ainsi formé par le triple carré de l'ensemble des deux premiers chiffres de la racine, le quotient est supérieur ou égal au troisième chiffre.*

Le nombre des dizaines contenues dans la racine est, en effet (297), la racine cubique, à une unité près, de 83117451. Pour trouver ce nombre de dizaines, c'est-à-dire les trois premiers chiffres de la racine, il suffit donc d'extraire la racine cubique de 83117451, dont on connaît déjà le nombre des dizaines 43. Pour cela, on retranchera de 83117451 le cube des 43 dizaines de sa racine, en divisant les centaines du reste par le triple carré de ces dizaines, on obtiendra (208) pour quotient le chiffre des unités ou un chiffre trop fort.

L'excès 83117451 sur le cube de 43 dizaines est 3610451, en divisant 36104 par 5547 triple carré de 43, on obtient 6 pour quotient. Le troisième chiffre de la racine est donc inférieur ou égal à 6.

6° *On détermine la valeur exacte de ce troisième chiffre en essayant successivement le quotient trouvé s'il est moindre que 10 et les nombres d'un chiffre qui lui sont inférieurs. Pour cela, on écrit le chiffre à essayer à la droite du nombre formé par l'ensemble des deux premiers chiffres de la racine, et on forme le cube du nombre ainsi obtenu. Si ce cube peut se retrancher du nombre formé par l'ensemble des trois premières tranches, le chiffre essayé est bon, sinon il faut le diminuer d'une unité et l'essayer de nouveau.*

En effet, la racine cubique, à une unité près, de 83117451, étant, d'après ce qui précède, tout au plus égale à 436, si nous vérifions que 436 n'est pas plus grand que cette racine, il lui est nécessairement égal. Or c'est ce que l'on fait en formant le cube de 436 pour voir s'il peut se retrancher de 83117451.

Le cube de 436 est 82882186 qui peut se retrancher de 83117451, le reste est 235265. Le chiffre 6 est donc bon; l'opération nous apprend en outre que l'excès de 83117451 sur le cube de 436 est 235265.

7° *Lorsque l'on a trouvé le troisième chiffre, une marche toute semblable fournit le quatrième, puis le cinquième, etc.*

Ceci n'a pas besoin d'explication. Dans le cas actuel, pour déterminer le quatrième chiffre de la racine, à la droite du reste 235265, on écrira la tranche suivante 342 et on formera le nombre 235265342, et l'on divisera le nombre de ses centaines 2352653 par le triple carré de 436 qui est 570288, le quotient est 4, et, par conséquent (208), le dernier chiffre de la racine ne peut être plus grand que 4. Le cube de 4364 est 83110180544 qui peut se retrancher de 83117451342 et laisse pour reste 7270798; le chiffre 4 est donc bon; la racine cubique de 83117451342 est par conséquent 4364, et le reste 7270798; on a par conséquent

$$83117451342 = (4364)^3 + 7270798,$$

résultat facile à vérifier.

301. Les calculs se disposent ordinairement de la manière suivante :

83,117,451,342	4364
191,17	48
3610 451	5547
235 265 342	570288
72 70708	

Outre les calculs indiqués, il a fallu former successivement le cube de 43, celui de 436 et celui de 4364. Ces calculs se font à part et on n'écrit que le résultat des soustractions qui apprennent si les chiffres essayés sont bons.

302. Théorème. *Le reste obtenu dans l'extraction d'une racine cubique ne peut jamais surpasser le triple carré de la racine plus le triple de la racine.*

Soient, en effet, N un nombre entier, R sa racine cubique à une unité près ; le reste de l'opération est la différence $N - R^3$. Cette différence est moindre que $3R^2 + 3R + 1$, car sans cela, N serait au moins égal à $R^3 + 3R^2 + 3R + 1$, c'est-à-dire à $(R + 1)^3$ et sa racine serait au moins égale à $R + 1$.

Remarque. Il arrive quelquefois que l'habitude du calcul faisant présumer qu'un chiffre à essayer est trop grand, on le diminue immédiatement d'une unité. En l'essayant après cette diminution, on s'assure qu'il n'est pas trop fort, et on saura qu'il n'est pas trop faible si le reste correspondant ne surpasse pas le triple carré du nombre formé par les chiffres déjà trouvés à la racine, plus le triple de ce nombre.

Calcul des racines cubiques à une approximation donnée.

303. Chercher la racine cubique de N à un nombre donné $\frac{1}{n}$ près, c'est chercher le plus grand multiple de $\frac{1}{n}$, contenu dans $\sqrt[3]{N}$. Une pareille recherche peut se ramener au calcul d'une racine cubique, à une unité près.

La valeur approchée de la racine étant, en effet, par définition un multiple de $\frac{1}{n}$, est de la forme $\frac{x}{n}$, x étant entier, $\sqrt[3]{N}$ doit être alors moindre que $\frac{x+1}{n}$ et par conséquent les trois nombres

$$\frac{x^3}{n^3}, \quad N, \quad \frac{(x+1)^3}{n^3},$$

sont rangés par ordre de grandeur.

En multipliant ces trois nombres par n^3, l'ordre de grandeur ne changera pas et par conséquent, $N \times n^3$ est compris entre x^3 et $(x+1)^3$, c'est-à-dire que x est la racine cubique de $N \times n^3$ à une unité près.

Nous pouvons donc énoncer la règle suivante :

Pour extraire la racine cubique du nombre N, *à un nombre donné* $\frac{1}{n}$ *près, il faut extraire, à une unité près, la racine cubique du produit* $N \times n^3$ *et diviser le résultat par* n.

Exemple. Soit à extraire la racine cubique de $\frac{73}{5}$ à $\frac{1}{7}$ près. Multiplions $\frac{73}{5}$ par 343 cube de 7, le produit est $\frac{73 \times 343}{5}$, c'est-à-dire $\frac{25039}{5}$ ou $5001 \frac{4}{5}$, sa racine cubique, à une unité près, la même que celle de 5001 (293) est 17, par conséquent la racine cubique de $\frac{73}{5}$ à $\frac{1}{7}$ près est $17 \times \frac{1}{7}$ ou $\frac{17}{7}$.

304. Remarque. Lorsque le dénominateur d'une fraction est un cube parfait b^3, pour obtenir sa racine cubique à $\frac{1}{b}$ près il suffit d'extraire la racine cubique du numérateur à une unité près et de la diviser par b. En effet, pour extraire la racine cubique de $\frac{a}{b^3}$, à $\frac{1}{b}$ près, il faut (303) multiplier $\frac{a}{b^3}$ par b^3, extraire la racine cubique du produit a à une unité près, et diviser le résultat par b. Ce qui est précisément l'opération indiquée.

Pour extraire la racine cubique d'une fraction lorsque le degré d'approximation n'est pas fixé, on commence souvent par rendre son dénominateur un cube parfait, et on profite alors de la remarque précédente. Pour cela il suffit de multiplier les deux termes de cette fraction par le carré du dénominateur.

Exemple. Soit à extraire la racine cubique de $\frac{73}{5}$, cette fraction est égale à $\frac{73\times5^2}{5^3}=\frac{1825}{125}$; pour avoir sa racine cubique à $\frac{1}{5}$ près, il suffit donc d'extraire à une unité près la racine cubique de 1825 qui est 12 et de la diviser par 5, la racine cubique de $\frac{73}{5}$ à $\frac{1}{5}$ près est donc $\frac{12}{5}$.

Quelquefois, pour rendre le dénominateur d'une fraction un cube parfait, on peut employer un multiplicateur moindre que le carré de son dénominateur: il suffit, en effet, que tous ses facteurs premiers acquièrent des exposants divisibles par 3, ce qui aura évidemment lieu si on multiplie le dénominateur par le produit de tous ceux de ses facteurs premiers dont l'exposant est de la forme $3n+2$, et par le carré de ceux dont l'exposant est de la forme $3n+1$.

Soit par exemple la fraction $\frac{197}{360}=\frac{197}{2^3\times3^2\times5}$. Pour rendre son dénominateur un cube parfait on multipliera ses deux termes par 3×5^2, et elle deviendra $\frac{197\times3\times5^2}{2^3\times3^3\times5^3}=\frac{14775}{(30)^3}$. Pour avoir sa racine cubique à $\frac{1}{30}$ près, il suffit d'extraire à une unité près la racine cubique de 14775 qui est 24, et de la diviser par 30, la racine cubique de $\frac{197}{360}$ à $\frac{1}{30}$ près, est donc $\frac{24}{30}$.

Calcul d'une racine cubique à $\frac{1}{10^n}$ près.

303. Supposons que le nombre N, dont on veut évaluer la racine cubique, soit réduit en décimales. D'après la règle précédente, pour extraire la racine à $\frac{1}{10^n}$ près, il faut le multiplier par 10^{3n}, extraire, à une unité près, la racine cubique du produit et diviser le résultat par 10^n. Pour multiplier N par 10^{3n} on avancera la virgule de $3n$ rangs vers la droite, et pour extraire, à une unité près, la racine cubique du produit, il suffit (293) d'opérer sur sa partie entière; par conséquent, *pour déterminer la racine cubique d'un nombre N, à $\frac{1}{10^n}$ près, il suffit de connaître les 3n premiers chiffres décimaux de la valeur de N en décimales.*

RÉSUMÉ.

285. Cube de la somme de deux nombres. — Différence de deux cubes entiers consécutifs. — 286. Cube d'un produit. — 287. Le cube d'un nombre entier est terminé par le même chiffre que le cube du chiffre de ses unités. — 288. Le cube d'un nombre entier ne peut être terminé par un nombre de zéros qui ne soit pas divisible par 3. — 289. La condition nécessaire et suffisante pour qu'un nombre entier soit le cube d'un autre nombre entier, est que les exposants de ses facteurs premiers soient tous divisibles par 3. — Un cube divisible par un nombre premier p, l'est aussi par p^2 et p^3. — 290. Aucune fraction n'a pour cube un nombre entier. — 291. Définition de la racine cubique, lorsque le nombre est un cube parfait. — 292. Définition de la racine cubique lorsqu'elle est incommensurable. On se borne à définir la grandeur dont elle est la mesure. Il est impossible de définir autrement un nombre abstrait. — 293. Racine cubique d'un nombre à une unité près. Elle est la même que celle de la partie entière. — 294. Si un nombre entier est exprimé par $3n$, $3n - 1$ ou $3n - 2$ chiffres, sa racine cubique, à une unité près, le sera par n chiffres. — 295. Lorsqu'un nombre est moindre que 1000 la connaissance des neuf premiers cubes entiers fait immédiatement connaître sa racine cubique à une unité près.— 296. La racine cubique d'un nombre contient précisément autant de dizaines qu'il y a d'unités dans la racine cubique du nombre de ses mille. — 297. On en conclut que le nombre de centaines contenues dans la racine cubique d'un nombre entier est la racine cubique du nombre obtenu en supprimant les six derniers chiffres.—Le nombre des mille est la racine cubique du nombre obtenu en supprimant les neuf derniers chiffres, etc. — 298. En retranchant d'un nombre entier le cube des dizaines de sa racine et divisant le résultat par le triple carré du nombre de ces dizaines, on obtient un quotient supérieur ou égal au chiffre de ses unités. — 299. Ayant une limite supérieure du chiffre des unités, on peut, par des essais, calculer sa valeur exacte. — 300. Les théorèmes précédents permettent d'énoncer la règle générale pour l'extraction de la racine cubique d'un nombre entier à une unité près. — 301. Manière de disposer l'opération. — 302. Le reste est moindre que trois fois le carré de la racine plus trois fois la racine plus 1. — 303. Pour calculer la racine cubique d'un nombre N à un nombre donné b près, il faut diviser N par b^3, extraire à une unité près la racine cubique du quotient et multiplier le résultat par b. — 304. Cas où l'approximation est mesurée par une fraction dont le dénominateur est un cube parfait. — Moyen de rendre le plus simplement possible le dénominateur d'une fraction égal à un cube. — 305. Racine cubique à $\frac{1}{10^n}$ près.

EXERCICES.

I. Un nombre entier étant donné, comment pourra-t-on s'assurer s'il est la différence de deux cubes consécutifs et trouver ces deux cubes?

II. a et b désignant deux nombres quelconques; $b^6+a^4b^2+a^2b^4+b^6$ est-il plus grand ou plus petit que le cube de (a^2+b^2)?

III. La somme des cubes des premiers nombres entiers est égale au carré de la somme de ces nombres.

IV. Si deux nombres entiers A et B ont le même nombre de chiffres et qu'ils aient plus de la moitié des chiffres à gauche en commun, on a

$$\sqrt[3]{A}-\sqrt[3]{B}<\tfrac{1}{3}.$$

V. Vérifier l'égalité

$$\sqrt[3]{20+14\sqrt{2}}+\sqrt[3]{20-14\sqrt{2}}=4.$$

CHAPITRE XVII.

THÉORIE DES NOMBRES INCOMMENSURABLES. COMPLÉMENT DES DEUX CHAPITRES PRÉCÉDENTS.

Généralités sur les nombres incommensurables.

306. Quand deux grandeurs n'ont pas de commune mesure, leur rapport ne peut être représenté par aucun nombre entier ou fractionnaire. Il existe de pareilles grandeurs. Nous avons vu, par exemple, que si un nombre n'est pas un carré ou un cube parfait, sa racine carrée ou cubique représente une grandeur parfaitement déterminée, qui n'a pas de commune mesure avec l'unité.

Un nombre incommensurable ne peut se définir qu'en indiquant comment la grandeur qu'il exprime peut se former au moyen de l'unité. Dans ce qui suit, nous supposons que cette définition consiste à indiquer quels sont les nombres commensurables plus petits ou plus grands que lui ; on peut alors concevoir la grandeur dont il est la mesure comme servant de limite commune à celles qui sont représentées par des nombres plus grands ou plus petits, absolument comme on l'a indiqué à l'occasion des racines carrées (**267**).

Addition et soustraction des nombres incommensurables.

307. Ajouter ou soustraire deux nombres incommensurables, c'est trouver un nombre exprimant la somme ou la différence des grandeurs exprimées par les nombres proposés.

Multiplication.

308. Si le multiplicateur est commensurable, il n'y a aucune modification à apporter à la définition.

Exemple. Le produit de $\sqrt{2}$ par 7, est un nombre exprimant une grandeur 7 fois plus grande que celle qu'exprime $\sqrt{2}$. Le produit de $\sqrt{2}$ par $\frac{3}{4}$, est un nombre exprimant une grandeur égale aux trois quarts de celle qu'exprime $\sqrt{2}$.

Si le multiplicateur est incommensurable, il faut une définition nouvelle. Nous appellerons produit d'un nombre A par un nombre incommensurable B, un nombre moindre que le produit de A par un nombre commensurable quelconque supérieur à B, et plus grand que le produit de A par un nombre commensurable quelconque moindre que B.

Division.

309. Diviser deux nombres A et B l'un par l'autre, c'est trouver un troisième nombre qui, multiplié par le diviseur B, reproduise le dividende A. Cette définition s'applique quels que soient les nombres A et B, commensurables ou incommensurables

Racines carrée et cubique.

310. La racine carrée ou cubique d'un nombre incommensurable est un nombre qui, pris deux ou trois fois comme facteur, donne un produit égal au nombre donné.

Remarque. La seule opération qui exige une définition véritablement nouvelle est celle de la multiplication, toutes les autres se rattachent à celle-là.

Théorèmes relatifs aux nombres incommensurables.

311. Théorème I. *On peut toujours trouver deux nombres commensurables ayant une différence aussi petite que l'on voudra et qui comprennent entre eux un nombre incommensurable donné.*

Soit n un nombre entier quelconque, si l'on considère la suite

$$0, \ \frac{1}{n}, \ \frac{2}{n}, \ \frac{3}{n}, \ \frac{4}{n}, \ \frac{5}{n}, \text{ etc.}$$

on voit que ses termes augmentent sans limite, et comme ils commencent à 0, le nombre donné, quel qu'il soit, est nécessairement compris entre deux d'entre eux, $\frac{x}{n}$ et $\frac{x+1}{n}$

et l'on peut prendre n assez grand, pour que leur différence $\frac{1}{n}$ soit aussi petite qu'on le voudra.

312. Remarque. D'après le théorème précédent, nous admettrons, comme évident, que les théorèmes suivants, qui ont été démontrés pour des nombres commensurables quelconques, s'appliquent aussi à des nombres incommensurables.

Dans un produit de plusieurs facteurs, on peut changer l'ordre des facteurs.

Pour multiplier un nombre par le produit de plusieurs facteurs, on peut le multiplier successivement par ces divers facteurs.

Pour multiplier un produit par un nombre, il suffit de multiplier un de ses facteurs par ce nombre.

Pour multiplier un produit par un autre produit, il suffit de former un produit unique avec les facteurs du multiplicande et ceux du multiplicateur.

Pour multiplier deux puissances d'un même nombre, il suffit d'ajouter les exposants.

Les théorèmes relatifs au calcul des expressions fractionnaires de la forme $\frac{\mathfrak{a}}{\mathfrak{b}}$ (133), *s'appliquent au cas où* $\mathfrak{a}$ *et* $\mathfrak{b}$ *désignent des nombres incommensurables.*

Complément des deux chapitres relatifs aux racines carrées et cubiques.

313. Théorème I. *La racine carrée d'un produit est égale au produit des racines carrées des facteurs*; soient a, b, c, d des nombres quelconques, il faut prouver que:

$$\sqrt{a\times b\times c\times d}=\sqrt{a}\times\sqrt{b}\times\sqrt{c}\times\sqrt{d}$$

Pour prouver que le second membre est égal à $\sqrt{a\times b\times c\times d}$, il suffit de faire voir que son carré est $a\times b\times c\times d$. Or, on a, d'après les théorèmes énoncés (312):

$$(\sqrt{a}\times\sqrt{b}\times\sqrt{c}\times\sqrt{d})^2=\sqrt{a}\times\sqrt{b}\times\sqrt{c}\times\sqrt{d}\times\sqrt{a}\times\sqrt{b}\times\sqrt{c}\times\sqrt{d}$$
$$=(\sqrt{a})^2\times(\sqrt{b})^2\times(\sqrt{c})^2\times(\sqrt{d})^2=a\times b\times c\times d.$$

Ce qui démontre la proposition énoncée.

314. REMARQUE I. Le même théorème s'applique à la racine cubique d'un produit, la démonstration est absolument la même.

315. REMARQUE II. Le théorème précédent permet de calculer le produit de plusieurs racines carrées ou de plusieurs racines cubiques.

EXEMPLE. Soit à calculer $\sqrt{2}\times\sqrt{3}\times\sqrt{5}$.

On a $\sqrt{2}\times\sqrt{3}\times\sqrt{5}=\sqrt{30}$;
il suffit donc d'extraire la racine carrée du nombre 30. Les méthodes indiquées chapitre XV permettront de la calculer avec telle approximation qu'on le voudra.

316. REMARQUE III. Le même théorème permet de calculer le produit d'une racine carrée ou cubique par un nombre commensurable, car tout nombre commensurable peut être considéré comme étant lui-même une racine carrée ou cubique.

EXEMPLE. Soit à calculer $7\sqrt[3]{9}$, on a $7=\sqrt[3]{343}$ et par conséquent,

$$7\sqrt[3]{9}=\sqrt[3]{343}\times\sqrt[3]{9}=\sqrt[3]{9\times343}=\sqrt[3]{3187},$$

il suffit donc d'extraire la racine cubique du nombre 3187, et les méthodes du chapitre XVI, permettront de la calculer avec telle approximation qu'on voudra.

317. THÉORÈME II. *La racine carrée d'une expression fractionnaire $\frac{a}{b}$ est égale à $\frac{\sqrt{a}}{\sqrt{b}}$.*

Il faut prouver que :

$$\sqrt{\frac{a}{b}}=\frac{\sqrt{a}}{\sqrt{b}},$$

pour prouver que le second membre est égal à $\sqrt{\frac{a}{b}}$, il suffit de faire voir que son carré est $\frac{a}{b}$, or, on a (312) :

$$\left(\frac{\sqrt{a}}{\sqrt{b}}\right)^2=\frac{\sqrt{a}}{\sqrt{b}}\times\frac{\sqrt{a}}{\sqrt{b}}=\frac{(\sqrt{a})^2}{(\sqrt{b})^2}=\frac{a}{b}$$

ce qui démontre la proposition énoncée.

318. Remarque I. Le même théorème s'applique à la racine cubique d'une expression fractionnaire. La démonstration est absolument la même.

319. Remarque II. Le théorème précédent permet de calculer le rapport de deux racines carrées ou celui de deux racines cubiques.

Exemple I. Soit à calculer $\frac{\sqrt{2}}{\sqrt{5}}$ on a

$$\frac{\sqrt{2}}{\sqrt{5}}=\sqrt{\tfrac{2}{5}},$$

il suffit donc d'extraire la racine carrée de la fraction $\frac{2}{5}$, et les méthodes du chapitre XV permettront de la calculer avec telle approximation que l'on voudra.

320. Remarque III. Le même théorème permettra de calculer le quotient de la division d'une racine carrée ou cubique par un nombre commensurable, ou d'un nombre commensurable par une racine carrée ou cubique; car tout nombre commensurable peut être considéré comme une racine carrée ou cubique.

Exemple I. Soit à calculer $\frac{\sqrt[3]{7}}{5}$ on aura

$$\frac{\sqrt[3]{7}}{5}=\frac{\sqrt[3]{7}}{\sqrt[3]{25}}=\sqrt[3]{\tfrac{7}{25}}$$

et il suffira par conséquent d'extraire la racine carrée de la fraction $\frac{7}{25}$.

Exemple II. Soit à calculer $\frac{3}{\sqrt[3]{11}}$, on aura

$$\frac{3}{\sqrt[3]{11}}=\frac{\sqrt[3]{27}}{\sqrt[3]{11}}=\sqrt[3]{\tfrac{27}{11}},$$

et il suffira par conséquent d'extraire la racine cubique de la fraction $\frac{27}{11}$.

Racine carrée des nombres incommensurables.

321. *Pour extraire la racine carrée d'un nombre A, à un nombre donné $\frac{1}{n}$ près, il faut multiplier A par n^2, extraire la racine carrée du produit, à une unité près, et diviser le résultat par n. Cette règle s'applique sans modification au cas où A est incommensurable.*

Exemple. *Soit à calculer à $\frac{1}{7}$ près $\sqrt{11+\sqrt[3]{28}}$.*

Le nombre dont il faut extraire la racine carrée est ici $11+\sqrt[3]{28}$, c'est donc cette somme qu'il faut multiplier par 7^2, ou 49, le produit est

$$11\times 49+49\sqrt[3]{28}=11\times 49+\sqrt[3]{28\times(49)^3};$$

on calculera donc à une unité près la racine carrée du produit $28\times(49)^3$, on lui ajoutera 11×49, on extraira la racine carrée du résultat à une unité près et on la divisera par 7.

Remarque. Quand le degré d'approximation demandé est mesuré par un nombre de la forme $\frac{1}{10^n}$, on peut se servir de la remarque faite (305).

Exemple. *Soit à calculer à $\frac{1}{100}$ près $\sqrt[3]{17+\sqrt[3]{11}}$.*

Pour calculer la racine carrée d'un nombre à $\frac{1}{100}$ près, il suffit (305) de connaître quatre décimales exactes dans la valeur de ce nombre; on commencera donc par calculer $17+\sqrt[3]{11}$ à $\frac{1}{10000}$ près, pour cela on extraira $\sqrt[3]{11}$ à $\frac{1}{10000}$ près, et l'on ajoutera 17 au résultat. On multipliera cette somme par 10000, on extraira la racine carrée du produit à une unité près et on la divisera par 100.

Racine cubique des nombres incommensurables.

322. *Pour extraire la racine cubique d'un nombre A à un nombre donné $\frac{1}{n}$ près, il faut (303) multiplier A par n^3, extraire la racine cubique du produit à une unité près, et diviser le résultat par n. Cette règle s'applique sans modification au cas où A est incommensurable.*

EXEMPLE. *Soit à calculer à $\frac{1}{12}$ près* $\sqrt[3]{15+\sqrt[2]{17}}$.

Le nombre dont il faut extraire la racine cubique est ici, $15+\sqrt[2]{17}$, c'est donc cette somme qu'il faut multiplier par le cube de 12 ou 1728, le produit est

$$15\times 1728+1728\times\sqrt[2]{17}=15\times 1728+\sqrt[2]{17\times(1728)^2};$$

on calculera donc, à une unité près, la racine carrée du produit $17\times(1728)^2$, on y ajoutera 15×1728, on extraira à une unité près la racine cubique du résultat, et on la divisera par 12.

323. REMARQUE. Quand le degré d'approximation demandé est mesuré par un nombre de la forme $\frac{1}{10^n}$, on peut se servir de la remarque faite (305).

EXEMPLE. *Soit à calculer à $\frac{1}{10}$ près* $\sqrt[3]{7+\sqrt[2]{132}}$.

Pour calculer la racine cubique d'un nombre à $\frac{1}{10}$ près, c'est-à-dire avec une décimale exacte, il suffit (305), de connaître 3 décimales exactes dans la valeur de ce nombre. On commencera donc par calculer $7+\sqrt[2]{132}$ à $\frac{1}{1000}$ près; pour cela, on calculera $\sqrt[2]{132}$ à $\frac{1}{1000}$ près, on ajoutera 7 au résultat, puis on multipliera la somme par 1000, on extraira la racine cubique du produit à une unité près, et on la multipliera par $\frac{1}{10}$.

Racines quatrièmes.

324. La racine quatrième d'un nombre A est le nombre dont la quatrième puissance est A.

THÉORÈME. *La racine quatrième d'un nombre est la racine carrée de sa racine carrée.*

Soit A un nombre quelconque, sa racine quatrième est désignée par $\sqrt[4]{A}$ et l'on a

$$A=\sqrt[4]{A}\times\sqrt[4]{A}\times\sqrt[4]{A}\times\sqrt[4]{A},$$

ce que l'on peut écrire (312)

$$A=(\sqrt[4]{A})^2\times(\sqrt[4]{A})^2,$$

d'où il résulte que $(\sqrt[4]{A})^2$ est la racine carrée de A, et que, par conséquent, $\sqrt[4]{A}$ est la racine carrée de la racine carrée de A ; on a donc

$$\sqrt[4]{A}=\sqrt[2]{\sqrt[2]{A}}$$

Remarque. Le théorème précédent permet d'extraire la racine quatrième d'un nombre avec une approximation donnée.

Exemple I. *Calculer* $\sqrt[4]{1726\frac{2}{3}}$ *à une unité près.*

On a $$\sqrt[4]{1726\tfrac{2}{3}}=\sqrt[2]{\sqrt[2]{1726\tfrac{2}{3}}};$$

il s'agit donc d'extraire, à une unité près, la racine carrée du nombre $\sqrt[2]{1726\frac{2}{3}}$: pour cela, il suffit (**270**) d'opérer sur la partie entière de ce nombre on cherchera donc la partie entière de $\sqrt{1726\frac{2}{3}}$ qui est égale (**270**) à la racine carrée à une unité près, de 1726, et on extraira ensuite la racine carrée du résultat à une unité près.

Exemple II. *Calculer* $\sqrt[4]{12,5178214}$ *à un dixième près.*

On a $$\sqrt[4]{12,5178214}=\sqrt[2]{\sqrt[2]{12,5178214}};$$

il s'agit donc d'extraire à un dixième près, la racine carrée du nombre $\sqrt[2]{12,5178214}$, pour cela, il faut calculer ce nombre à $\frac{1}{100}$ près (**284**). Or, pour calculer $\sqrt[2]{12,5178214}$ à $\frac{1}{100}$ près, on extraira, à une unité près, la racine carrée de 125178 et on la divisera par 100. On extraira ensuite la racine carrée du résultat à $\frac{1}{10}$ près.

Racines huitièmes.

323. La racine huitième d'un nombre A est le nombre dont la huitième puissance est A.

Théorème. *La racine huitième d'un nombre est la racine carrée de sa racine quatrième.*

Soit, en effet, A un nombre quelconque, sa racine huitième est désignée par $\sqrt[8]{A}$, et l'on a

$$A=\sqrt[8]{A}\times\sqrt[8]{A}\times\sqrt[8]{A}\times\sqrt[8]{A}\times\sqrt[8]{A}\times\sqrt[8]{A}\times\sqrt[8]{A}\times\sqrt[8]{A},$$

ce que l'on peut écrire (**312**)

$$A=(\sqrt[8]{A})^2\times(\sqrt[8]{A})^2\times(\sqrt[8]{A})^2\times(\sqrt[8]{A})^2,$$

d'où il résulte que $(\sqrt[8]{A})^2$ est la racine quatrième de A, et, par conséquent, $\sqrt[8]{A}$, la racine carrée de la racine quatrième de A; on a donc

$$\sqrt[8]{A}=\sqrt[2]{\sqrt[4]{A}};$$

et, d'après la valeur de $\sqrt[4]{A}$ (324),

$$\sqrt[8]{A}=\sqrt[2]{\sqrt[2]{\sqrt[2]{A}}}.$$

Remarque. Le théorème précédent permet d'extraire la racine huitième d'un nombre avec une approximation donnée.

Exemple. *Calculer $\sqrt[8]{1347,45}$ à une unité près.*

On a $$\sqrt[8]{1347,45}=\sqrt[2]{\sqrt[4]{1347,45}},$$

il s'agit donc d'extraire, à une unité près, la racine carrée du nombre $\sqrt[4]{1347,45}$, pour cela, il suffit d'opérer sur la partie entière de ce nombre; on calculera donc d'abord $\sqrt[4]{1347,45}$, à une unité près (325), puis on extraira la racine carrée du résultat à une unité près.

Racines sixièmes.

326. La racine sixième d'un nombre A, est le nombre qui, élevé à la sixième puissance, reproduit A.

Théorème. *La racine sixième d'un nombre est la racine carrée de sa racine cubique.*

Soit, en effet, A un nombre quelconque, sa racine sixième étant désignée par $\sqrt[6]{A}$ on a

$$A=\sqrt[6]{A}\times\sqrt[6]{A}\times\sqrt[6]{A}\times\sqrt[6]{A}\times\sqrt[6]{A}\times\sqrt[6]{A},$$

ce qui peut s'écrire (312)

$$A=(\sqrt[6]{A})^2\times(\sqrt[6]{A})^2\times(\sqrt[6]{A})^2;$$

d'où il résulte que $(\sqrt[6]{A})^2$ est la racine cubique de A, et, par conséquent, $\sqrt[6]{A}$ la racine carrée de $\sqrt[3]{A}$. On a donc :

$$\sqrt[6]{A}=\sqrt[2]{\sqrt[3]{A}}.$$

REMARQUE I. On démontrerait de même que la racine sixième d'un nombre A est égale à la racine cubique de sa racine carrée.

REMARQUE II. Le théorème précédent permet d'extraire la racine sixième d'un nombre avec une approximation donnée.

EXEMPLE. *Calculer* $\sqrt[6]{1532,4531452}$ *à* $\frac{1}{10}$ *près.*

On a $$\sqrt[6]{1532,4531452} = \sqrt{\sqrt[3]{1532,4531452}};$$

il s'agit donc d'extraire à $\frac{1}{10}$ près la racine carrée du nombre $\sqrt[3]{1532,4531452}$, il faut pour cela (284) calculer ce nombre à $\frac{1}{100}$ près, opération que l'on sait effectuer; multiplier le résultat par 100, extraire la racine carrée du produit à une unité près, et la diviser par 10.

Produit d'une racine carrée par une racine cubique.

327. La racine carrée d'un nombre, est égale à la racine sixième de son cube, et sa racine cubique, à la racine sixième de son carré. On peut donc regarder le produit d'une racine carrée par une racine cubique comme le produit de deux racines sixièmes. Or, on démontrera absolument, comme pour les racines carrées et cubiques que le produit des racines sixièmes de deux nombres est égal à la racine sixième de leur produit, en sorte qu'en désignant par a et b deux nombres quelconques, on a

$$\sqrt{a} \times \sqrt[3]{b} = \sqrt[6]{a^3} \times \sqrt[6]{b^2} = \sqrt[6]{a^3 \times b^2}.$$

D'après cela, on pourra toujours calculer, avec une approximation donnée, le produit d'une racine carrée par une racine cubique.

Remarque sur les approximations.

328. Dans les exemples traités dans ce chapitre, le calcul à faire se réduit, en dernière analyse, à l'extraction d'une racine carrée ou cubique que l'on peut calculer avec telle approximation qu'on le juge convenable. Dans un grand nombre de questions, il arrive que le résultat dont on a besoin, dépend de plusieurs nombres incommensurables, sur lesquels il faut effectuer des opérations. Si l'on substitue alors à ces nombres leur valeur approchée, il en résulte sur le résultat final, une erreur qui dépend, à la fois, de celles qui ont été commises sur ces divers nombres et de l'opération à exécuter sur eux. On doit alors, dans chaque cas, calculer la plus grande valeur que puisse avoir cette erreur. Souvent aussi on est conduit à résoudre la question inverse. A quel degré d'approximation faut-il calculer les divers nombres qui figurent dans une opération, pour que l'erreur commise sur le résultat final ne dépasse pas une limite donnée? La solution de ces deux questions doit être étudiée après les éléments d'algèbre; elle ne présente alors aucune difficulté.

RÉSUMÉ.

306. Un nombre incommensurable ne peut se définir qu'en indiquant comment la grandeur qu'il mesure dérive de l'unité. On conçoit, en général, cette grandeur comme la limite commune de celles qui sont mesurées par des nombres commensurables plus grands ou plus petits. — **307.** Définition de l'addition et de la soustraction des nombres incommensurables. — **308.** De la multiplication. — **309.** De la division. — **310.** De la racine carrée ou cubique. — La seule opération qui exige une définition véritablement nouvelle est la multiplication. — **311.** Un nombre incommensurable est toujours compris entre deux nombres commensurables aussi peu différents qu'on le désire. — **312.** D'après cela il existe toujours des nombres commensurables différant aussi peu que l'on veut de nombres incommensurables donnés, et l'on admet, comme évidents, les théorèmes suivants : dans un produit de facteurs incommensurables on peut changer l'ordre des facteurs. Pour multiplier par un nombre un produit de facteurs incommensurables, il suffit de multiplier l'un d'eux. Pour multiplier deux produits l'un par l'autre, il faut former un produit unique avec tous leurs facteurs. Pour multiplier deux puissances d'un même nombre, il faut ajouter leurs exposants. Les règles relatives aux expressions fractionnaires de la forme $\frac{a}{b}$ s'appliquent au cas où a et b sont incommensurables. — **313.** La racine carrée d'un produit est le produit des racines carrées des facteurs. — **314.** Le théorème s'applique aux racines cubiques; la démonstration est la même. — **315.** Les deux théorèmes précédents permettent de calculer le produit de plusieurs racines carrées ou cubiques. — **316**. On peut de même calculer le produit d'une racine carrée ou cubique par un nombre commensurable. — **317**. La racine carrée d'une expression fractionnaire $\frac{a}{b}$ est égale à $\frac{\sqrt{a}}{\sqrt{b}}$. — **318**. Le même théorème s'applique à la racine cubique. — **319**. On peut calculer le rapport de deux racines carrées ou cubiques. — **320**. Ou le rapport d'une racine carrée ou cubique à un nombre commensurable. — **321**. Racine carrée d'un nombre incommensurable A, à moins de $\frac{1}{n}$ près; on multiplie A par n^2, on extrait la racine carrée à une unité près du produit et on la divise par n. — **322**. Règle analogue pour les racines cubiques. — **323**. Cas où le degré d'approximation est de la forme $\frac{1}{10^n}$. — **324**. La racine quatrième d'un nombre est la racine carrée de sa racine carrée. — **325**. La racine huitième est la racine carrée de la racine quatrième. — **326**. La racine sixième est la racine carrée de la racine cubique, ou la racine cubique de sa racine carrée. — **327**. Le produit d'une racine carrée par une racine cubique peut s'exprimer par une racine sixième. — **328**. Remarque sur les approximations; les questions qui s'y rattachent doivent être étudiées après les notions élémentaires d'algèbre.

EXERCICES.

I. A et B étant deux nombres commensurables, trouver les conditions qu'ils doivent remplir, pour que $\sqrt[3]{A}$ et $\sqrt[3]{B}$ soient commensurables. Même question pour $\sqrt[3]{A}$ et $\sqrt{B}$, $\sqrt{A}$ et $\sqrt[3]{B}$.

II. Démontrer l'égalité

$$\frac{2+\sqrt{3}}{\sqrt{2}+\sqrt{2+\sqrt{3}}}+\frac{2-\sqrt{3}}{\sqrt{2}+\sqrt{2-\sqrt{3}}}=\sqrt{2}.$$

III. Démontrer l'égalité

$$\sqrt[3]{6+\sqrt{\tfrac{847}{27}}}+\sqrt[3]{6-\sqrt{\tfrac{847}{27}}}=3.$$

IV. La racine carrée d'un nombre entier ou fractionnaire est incommensurable avec sa racine cubique, à moins que le nombre ne soit une sixième puissance.

CHAPITRE XVIII.

THÉORIE DES PROGRESSIONS.

Progressions par différence.

329. Une progression par différence est une suite de nombres, tels que la différence de l'un d'eux au précédent soit constante : cette différence se nomme *raison* de la progression.

EXEMPLE. Les nombres entiers 1, 2, 3, 4... forment une progression par différence dont la raison est 1.

Pour indiquer que des nombres forment une progression, on les écrit à la suite les uns des autres en les faisant précéder du signe ÷ et plaçant un point dans chaque intervalle. Exemple :

÷ 5 . 10 . 15 . 20 . 25 . . .

est une progression dont la raison est 5.

REMARQUE. Si l'on écrit en sens inverse les termes d'une progression, la différence d'un terme au précédent reste la même, mais elle change de sens. Ainsi la progression précédente peut s'écrire :

÷ 25 . 20 . 15 . 10 . 5

On lui donne alors le nom de progression décroissante.

Valeur d'un terme de rang quelconque dans une progression.

330. Dans une progression croissante chaque terme peut se former en ajoutant la raison au précédent; il en résulte que pour former un terme de rang quelconque, il faut ajouter, au premier autant de fois la raison qu'il y a de termes avant celui que l'on considère.

Dans une progression décroissante un terme de rang quelconque est, au contraire, égal au premier, diminué d'autant de fois la raison qu'il y a de termes avant celui que l'on considère.

EXEMPLE. Dans la progression :

$$\div 4 . 9 . 14 . 19 . 24 . 29 . 34$$

le terme 34 est égal à 4 augmenté de 6 fois 5 ou 30.

REMARQUE. a étant le premier terme d'une progression croissante, et r sa raison, le $n^{ième}$ terme est égal à $a+(n-1)\times r$. Si la progression est décroissante, a et r, désignant toujours le premier terme et la raison, la valeur du $n^{ième}$ terme est $a-(n-1)\times r$.

Insertion de moyens arithmétiques.

331. Insérer m moyens arithmétiques entre deux nombres, a et l, c'est former une progression dont a et l soient les termes extrêmes et dont ces m moyens soient les termes intermédiaires.

Pour calculer ces moyens et la raison de la progression qu'ils forment, remarquons que cette progression aura $m+2$ termes ; le dernier terme l, que nous supposerons plus grand que a, sera donc (330) égal à a augmenté de $(m+1)$ fois la raison. L'excès de l sur a est donc égal à $m+1$ fois la raison cherchée, et, par conséquent, cette raison r est $\frac{l-a}{m+1}$, connaissant la raison et le premier terme on formera sans peine tous les autres.

332. REMARQUE I. La raison ne dépend que de la différence $l-a$ et du nombre de moyens insérés. Il en résulte que si l'on considère une progression

$$\div a . b . c . d \ldots . k . l,$$

et que l'on insère m moyens entre a et b, m entre b et c, m entre c et d, etc., les progressions ainsi formées auront toutes même raison, et comme le dernier terme de l'une est le premier de la suivante, on pourra les considérer comme n'en faisant qu'une seule.

333. REMARQUE II. Quel que soit le nombre de moyens insérés entre deux nombres a et l, la raison de la progression ob-

terme est un *diviseur* de la différence $l-a$. Réciproquement, on peut déterminer le nombre des moyens insérés de telle sorte que cette raison soit tel diviseur de $l-a$ que l'on voudra.

Si l'on veut, par exemple, que la raison soit $\frac{l-a}{4}$, il faut insérer trois moyens.

Problème relatif à l'insertion des moyens.

334. *Trouver une progression dont fassent partie des nombres donnés,* a, b, c, d, e.

Supposons ces nombres rangés par ordre de grandeur : ils seront séparés, dans la progression inconnue, par des termes intermédiaires qui pourront être considérés comme des moyens insérés entre a et b, entre b et c, entre c et d et entre d et e. La raison doit donc être (333) un diviseur commun des différences $b-a$, $c-b$, $d-c$, $e-d$. Pour résoudre la question proposée on cherchera donc un diviseur commun à ces différences, et la progression qui aura a pour premier terme et ce diviseur pour raison, comptera parmi ses termes b, c, d et e.

Remarque. Si les différences $b-a$, $c-b$, $d-c$, $e-d$, sont commensurables, elles ont une infinité de diviseurs communs qui sont les diviseurs de leur plus grand commun diviseur, le problème précédent admet donc un nombre infini de solutions. Il n'en admet au contraire aucune si ces différences n'ont pas de commune mesure.

Somme des termes d'une progression par différence.

335. Théorème. *Dans une progression par différence la somme de deux termes également distants des extrêmes est constante et égale à la somme des termes extrêmes.*

Désignons par a et l les termes extrêmes d'une progression, et par r sa raison. Le terme qui suit a, est $a+r$, celui qui précède l, est $l-r$, et il est évident que leur somme est égale à $a+l$. Le terme qui suit a de deux rangs est $a+2r$, celui qui précède l de deux rangs, $l-2r$, et leur somme est encore $a+l$.

En général, le terme placé n rangs après a, est $a+nr$, le terme placé n rangs avant l est $l-nr$, et l'on a évidemment

$$a+nr+l-nr=a+l.$$

336. Soit une progression

[1] $$\div a.b.c\ldots j.k.l.$$

Écrivons cette progression sur une seconde ligne horizontale en la renversant de telle sorte que les termes à égale distance des extrêmes se correspondent verticalement dans les deux lignes :

[2] $$\div l.k.j\ldots c.b.a.$$

Si on ajoute les termes de la suite [1] et ceux de la suite [2], on aura évidemment le double de la somme cherchée puisque chaque terme entrera deux fois. On aura donc, en désignant cette somme par s,

$$2s=(a+l)+(b+k)+(c+j)+\ldots+(j+c)+(k+b)+(l+a)$$

mais (335), toutes les sommes indiquées entre parenthèses sont égales à la somme $a+l$ des termes extrêmes, et comme leur nombre est le nombre n des termes de la progression, on a

$$2s=(a+l)\times n$$

ou

$$s=\frac{(a+l)\times n}{2}$$

Remarque Si l'on connaissait seulement le premier terme a, la raison r, et le nombre n des termes, il faudrait, pour appliquer le résultat précédent, commencer par calculer le dernier terme l. On aurait (330) $l=a+(n-1)r$, et par conséquent,

$$s=\frac{(a+l)n}{2}=\frac{(2a+(n-1)r)n}{2}.$$

Exemple. Calculer la somme des n premiers nombres impairs,

$$1+3+5+7+\ldots+n-1$$

ces nombres forment une progression de n termes, leur somme est donc :

$$s=\frac{(1+2n-1)n}{2}=n^2,$$

ainsi la somme des n premiers nombres impairs est égale au carré de n.

Progression par quotient.

337. Une progression par quotient est une suite de nombres tels que le rapport de l'un d'eux au précédent soit constant. Ce rapport se nomme raison de la progression.

Exemple. Les nombres 1, 10, 100, 1000, etc., forment une progression par quotient dont la raison est 10.

Pour indiquer que des nombres forment une progression par quotient, on les écrit à la suite les uns des autres, en les faisant précéder du signe ∺ et plaçant deux points dans chaque intervalle.

Exemple. ∺ 4 : 8 : 16 : 32 : 64 : 128 : etc., est une progression par quotient dont la raison est 2.

Remarque. Si l'on écrit en sens inverse les termes d'une progression, le rapport d'un terme au précédent prend une valeur réciproque de celle qu'il avait, ce rapport est donc encore constant et l'on a une nouvelle progression, décroissante si la première était croissante.

Exemple. ∺ 128 : 64 : 32 : 16 : 8 : 4, est une progression décroissante dont la raison est $\frac{1}{2}$.

Valeur d'un terme de rang quelconque.

338. Dans une progression par quotient, chaque terme peut se former en multipliant le précédent par la raison, il en résulte que pour former un terme de rang quelconque il faut multiplier le premier, par la raison prise autant de fois comme facteur, qu'il y a de termes avant celui que l'on considère, c'est-à-dire par la raison élevée à une puissance marquée par ce nombre de termes.

Remarque. a étant le premier terme d'une progression par quotient et q sa raison, le $n^{ième}$ terme est égal à $a\times q^{n-1}$.

339. Théorème. *Si une progression est croissante, on peut la prolonger assez pour que ses termes dépassent toute limite donnée.*

Soit une progression croissante ayant pour raison un nombre q supérieur à l'unité :

$$\div\, a : b : c : d : \ldots\ldots : k : l : m.$$

On a les égalités

$$l = k \times q$$
$$m = l \times q$$

on en déduit

$$m - l = (l - k) \times q$$

et comme q est par hypothèse, plus grand que 1, la différence $m - l$ est plus grande que $l - k$. L'excès d'un terme sur le précédent va donc sans cesse en croissant. Or, en supposant cet excès constant, on pourrait, en l'ajoutant au premier terme a, un nombre suffisant de fois, obtenir un résultat aussi grand qu'on le voudrait, et il en est, *a fortiori*, de même si, comme nous l'avons reconnu, il va en augmentant.

340. Théorème. *Si une progression est décroissante, on peut la prolonger assez pour que ses termes décroissent au-dessous de toute limite.*

Soit une progression décroissante ayant pour raison un nombre q inférieur à l'unité :

$$\div\, a : b : c : d : \ldots\ldots : k : l : m.$$

Les termes

$$\frac{1}{a}, \frac{1}{b}, \frac{1}{c}, \frac{1}{d} \ldots \frac{1}{k}, \frac{1}{l}, \frac{1}{m}$$

formeront une progression croissante, ayant pour raison $\frac{1}{q}$; car des égalités

$$b = a \times q, \quad c = b \times q, \quad d = c \times q$$

on déduit

$$\frac{1}{b} = \frac{1}{a} \times \frac{1}{q}, \quad \frac{1}{c} = \frac{1}{b} \times \frac{1}{q}, \quad \frac{1}{d} = \frac{1}{c} \times \frac{1}{q}.$$

Il résulte donc du théorème précédent que les fractions $\frac{1}{k}$, $\frac{1}{l}$, $\frac{1}{m}$ peuvent devenir aussi grandes, et, par suite, leurs dénominateurs k, l, m, aussi petits qu'on le voudra. C'est précisément ce qu'il fallait démontrer.

Insertion de moyens par quotient.

341. Insérer m moyens par quotient entre deux nombres a et l, c'est former une progression dont a et l soient les termes extrêmes, et dont ces m moyens soient les termes intermédiaires.

Pour calculer ces moyens et la raison de la progression qu'ils forment, remarquons que cette progression ayant $m+2$ termes, le dernier terme l est égal (**338**) à a multiplié par la puissance $(m+1)^{\text{ième}}$ de la raison ; on en conclut que le rapport $\frac{l}{a}$ est la puissance $m+1^{\text{ième}}$ de la raison, et que, par conséquent, cette raison est $\sqrt[m+1]{\frac{l}{a}}$. Connaissant la raison et le premier terme, on formera sans peine tous les autres.

342. Remarque I. La raison ne dépend que du rapport $\frac{l}{a}$ et du nombre des moyens insérés, il en résulte que si on considère une progression

$$\div\!\!\div\; a : b : c : d : e \ldots\ldots : k : l,$$

et que l'on insère m moyens entre a et b, m entre b et c, m entre c et d..... Les progressions ainsi formées auront toutes même raison, et comme le dernier terme de l'une est le premier de la suivante, on pourra les considérer comme n'en faisant qu'une seule.

343. Remarque II. Pour que trois nombres a, b et c puissent faire partie d'une même progression, il faut qu'on puisse insérer entre a et c un nombre de moyens tel, que la progression qu'ils forment compte b parmi ses termes ; en désignant par m ce nombre inconnu de moyens, la raison de la progression est (341) $\sqrt[m+1]{\frac{c}{a}}$.

Pour que b soit le $n^{ième}$ terme de cette progression, on doit avoir

$$[1] \qquad b = a\left(\sqrt[m+1]{\frac{c}{a}}\right)^{n-1},$$

ou, ce qui revient au même,

$$[2] \qquad \frac{b}{a} = \left(\sqrt[m+1]{\frac{c}{a}}\right)^{n-1}.$$

Pour que ces deux quantités soient égales, il faut que leurs puissances $m+1$ le soient elles-mêmes, et, par conséquent,

$$[3] \qquad \frac{b^{m+1}}{a^{m+1}} = \frac{c^{n-1}}{a^{n-1}}.$$

Supposons que b, a et c soient commensurables, il en sera de même de $\frac{b}{a}$ et $\frac{c}{a}$, si nous désignons par $\frac{b_1}{a_1}$, et $\frac{c_1}{a_2}$ les fractions irréductibles équivalentes, l'égalité [3] revient à

$$[4] \qquad \frac{b_1^{m+1}}{a_1^{m+1}} = \frac{c_1^{n-1}}{a_2^{n-1}}.$$

Mais ces deux fractions sont (111) irréductibles, et ne peuvent être égales que si

$$b_1^{m+1} = c_1^{n-1},$$
$$a_1^{m+1} = a_2^{n-1},$$

d'où résulte évidemment que b_1 et c_1 doivent être composés des mêmes facteurs premiers, ainsi que a_1 et a_2, et que les exposants d'un même facteur, dans b_1 et c_1, et dans a_1 et a_2, doivent avoir un rapport constant, $\frac{n-1}{m+1}$.

Application. *Quels sont les nombres commensurables qui peuvent faire partie d'une progression par quotient qui a pour termes 1 et 10?*

Si nous nommons $\frac{p}{q}$ le nombre cherché, on doit avoir, d'après ce qui précède, en désignant par m et n des nombres entiers,

$$\left(\frac{10}{1}\right)^{m+1}=\left(\frac{\left(\frac{p}{q}\right)}{1}\right)^{n-1},$$

c'est-à-dire

$$10^{m+1}=\frac{p^{n-1}}{q^{n-1}}.$$

Le premier membre étant entier, le second doit l'être aussi, et comme la fraction $\frac{p^{n-1}}{q^{n-1}}$ est (111) irréductible, il faut que l'on ait $q=1$. De plus, pour que 10^{m+1} soit égal à p^{n-1}, il faut que p ne contienne que les facteurs 2 et 5, et que ces facteurs y soient affectés d'exposants égaux, ou en d'autres termes, que p soit une puissance de 10.

Les puissances de 10 sont donc les seuls nombres commensurables qui puissent figurer dans une progression par quotient, dont 1 et 10 font partie.

Somme des termes d'une progression par quotient.

344. Soit une progression par quotient :

$$\div\!\!\div a : b : c : d : e : \ldots\ldots : k : l,$$

il faut évaluer la somme

[1] $$S=a+b+c+d+\ldots\ldots+k+l$$

en nommant q la raison, et multipliant par q les deux membres de l'égalité [1], il vient

[2] $$S\times q=a\times q+b\times q+c\times q+d\times q+\ldots\ldots+k\times q+l\times q;$$

mais, par hypothèse, $a\times q=b$, $b\times q=c$, $c\times q=d \ldots\ldots k\times q=l$, l'égalité précédente devient donc

[3] $$S\times q=b+c+d+\ldots\ldots k+l\times q.$$

Si l'on retranche les deux premiers membres des égalités [1]

et [3], on aura le même résultat qu'en retranchant leurs seconds membres, ce qui donne évidemment

$$S \times q - S = l \times q - a$$

ou

$$S(q-1) = l \times q - a,$$

et, par conséquent,

$$S = \frac{l \times q - a}{q - 1}.$$

REMARQUE I. Si la progression est décroissante, q est plus petit que 1, et l'on ne peut plus retrancher S de $S \times q$, il faut faire la soustraction en sens inverse, et l'on trouve alors

$$S = \frac{a - l \times q}{1 - q}.$$

REMARQUE II. Si l'on donne seulement le premier terme a d'une progression, sa raison q, et le nombre n de termes, il faudra, pour faire usage du résultat précédent, commencer par calculer le dernier terme l, on aura (338), $l = a \times q^{n-1}$, et, par conséquent,

$$S = \frac{a \times q^n - a}{q - 1},$$

ou

$$S = \frac{a - aq^n}{q - 1},$$

suivant que q est plus grand ou plus petit que l'unité.

Limite de la somme des termes d'une progression par quotient décroissante.

345. La formule qui donne la somme des termes d'une progression décroissante, dont a est le premier terme, l le dernier et q la raison, est

$$S = \frac{a - l \times q}{1 - q},$$

on peut l'écrire

$$S = \frac{a}{1 - q} - \frac{l \times q}{1 - q}.$$

Si le nombre des termes de la progression augmente indéfiniment, $\frac{a}{1-q}$ conserve constamment la même valeur, mais $\frac{l\times q}{1-q}$ peut devenir aussi petit que l'on voudra, à cause du facteur l qui décroît sans limite (340); il en résulte que la limite dont s'approche la valeur de S à mesure que le nombre des termes augmente, est $\frac{a}{1-q}$.

Application. Une fraction décimale périodique peut être considérée comme une progression décroissante, et la formule précédente lui est applicable.

Soit, par exemple, la fraction périodique

$$0,35\ 35\ 35\ 35\ \ldots..$$

en la séparant en tranches de deux chiffres à partir de la virgule, on obtient la progression

$$\div\div \tfrac{35}{100} : \tfrac{35}{10000} : \tfrac{35}{1000000} : \ldots..,$$

dont la raison est $\frac{1}{100}$. D'après la formule précédente, la limite de la somme de ses termes est

$$\frac{\frac{35}{100}}{1-\frac{1}{100}} \text{ ou } \tfrac{35}{99},$$

ce qui est précisément le résultat obtenu dans la théorie des fractions périodiques.

RÉSUMÉ.

329. Définition des progressions par différence ; progressions croissantes ou décroissantes. Définition de la raison. — 330. Un terme de rang quelconque est égal au premier augmenté ou diminué d'autant de fois la raison qu'il y a de termes avant lui. — 331. Insertion de moyens par différence. — 332. Si, entre les termes d'une progression on insère un nombre constant de moyens, on forme une progression nouvelle. — 333. Quel que soit le nombre des moyens insérés, la raison est un diviseur de la différence des termes extrêmes. — 334. Trouver une progression qui contienne des nombres donnés; pour que cela soit possible, il faut et il suffit que ces nombres aient une commune mesure. — 335. Dans une progression par différence, la somme de deux termes

également distants des extrêmes est constante et égale à celle des extrêmes. — 336. Somme des termes d'une progression par différence. — 337. Définition des progressions par quotient. — 338. Un terme de rang quelconque est égal au premier, multiplié par la raison élevée à une puissance marquée par le nombre des termes qui le précèdent. — 339. Les termes d'une progression par quotient croissante peuvent dépasser toute limite. — 340. Les termes d'une progression par quotient décroissante peuvent décroître au-dessous de toute limite assignée. — 341. Insertion de moyens par quotient. — 342. Si on insère un nombre déterminé de moyens entre les termes consécutifs d'une progression par quotient, on forme une progression nouvelle. — 343. Recherche d'une progression dont fassent partie des nombres donnés. Cas dans lesquels une telle progression n'existe pas. — 344. Somme des termes d'une progression par quotient. — 345. Limite de la somme des termes d'une progression décroissante.

EXERCICES.

I. Quelles sont les progressions par différence dans lesquelles la somme de deux termes quelconques fait partie de la progression; et les progressions par quotient dans lesquelles le produit de deux termes fait partie de la progression ?

II. Si dans une suite de nombres chacun est la demi-somme de ceux qui le comprennent, ces nombres forment une progression par différence, et si chacun est moyen proportionnel entre les deux qui le comprennent, ils forment une progression par quotient.

III. Dans quelles progressions par différence existe-t-il un rapport indépendant de n entre la somme des n premiers termes et la somme des n suivants?

IV. $\sqrt{2}$, $\sqrt{5}$ et $\sqrt{7}$ peuvent-ils faire partie d'une même progression par différence ou par quotient?

V. Si on prend la suite des nombres impairs, 1, 3, 5, 7... et qu'on la sépare en groupes dont le premier ait un terme, le second deux termes, le troisième trois, etc., la somme des termes d'un même groupe est un cube.

VI. Si on considère la suite 1, 2, 4, 6, 8, 10 ... la somme des n premiers termes est impaire et augmentée des $n-1$ nombres impairs suivants, elle donne un cube.

VII. Dans une progression géométrique de six termes, la

différence des termes extrêmes est plus grande que six fois la différence des termes du milieu.

VIII. Si on ajoute termes à termes deux progressions géométriques qui n'ont pas même raison, les résultats ne formeront pas une progression; mais chaque terme pourra se déduire des deux précédents, en les multipliant par des nombres constants et ajoutant les produits.

IX. On forme une suite de termes tels que chacun soit la demi-somme des précédents; connaissant les deux premiers termes de cette suite, trouver de quelle limite on s'approche lorsqu'on en forme un nombre de plus en plus grand.

X. Soit A B une ligne quelconque, on marque son milieu C,

A C EGF D B.

puis le milieu D de CB, puis le milieu E de DC, puis le milieu F de ED, le milieu G de FE et ainsi de suite indéfiniment. prouver que les points C, D, E, F, G, s'approchent de plus en plus du tiers de AB à partir du point B.

XI. Trouver la limite de la somme des fractions

$$\frac{1}{2}+\frac{2}{4}+\frac{3}{8}+\frac{4}{16}+\frac{5}{32}+\ldots$$

dont les numérateurs forment une progression par différence et les dénominateurs une progression par quotient.

XII. On forme la suite des nombres

1, 3, 6, 10, 15, 21, etc.,

tels que la différence de deux termes consécutifs, va sans cesse en augmentant d'une unité, trouver la somme des n premiers termes de cette suite.

XIII. Si dans une progression par différence trois termes consécutifs sont des nombres premiers, la raison est divisible par 6, à moins que le premier de ces termes ne soit 3. S'il y en a 5, la raison est divisible par 30, à moins que le premier de ces termes ne soit 5, et s'il y en a 7, elle est divisible par 210, à moins que le premier terme ne soit 7.

XIV. Dans une progression par quotient dont le nombre des termes est impair, la somme des carrés des termes est égale à la somme des termes multipliée par l'excès de la somme des termes de rang impair sur la somme des termes de rang pair.

XV. Dans une progression par différence dont les termes sont entiers, si n est un nombre premier avec la raison, en divisant n termes consécutifs par n, on obtiendra pour reste tous les nombres 1, 2, 3... $n-1$.

XVI. La durée de l'année surpasse 365 jours, et c'est pour cette raison que l'on intercale tous les quatre ans un 366me jour (année bissextile), ce 366me jour est supprimé tous les cent ans, et rétabli tous les quatre cents ans; prouver que si on suivait indéfiniment la même loi, c'est-à-dire, si on rétablissait l'année bissextile tous les 10000 ans (10000 est un multiple de 400), qu'on la supprimât tous les 40000 ans, pour la rétablir tous les 10000000 d'années etc.; cela reviendrait après un nombre immense d'années à ajouter 8 jours tous les 33 ans.

XVII. Deux courriers A et B suivent une même ligne droite, A est en arrière de 240^m, mais il va deux fois plus vite; prouver que pour rencontrer B, il devra faire un chemin égal à $240^m + \frac{240^m}{3} + \frac{240}{9} + \frac{240}{27} + \ldots$ et calculer ce chemin.

XVIII. La production du fer en France a été, en 1826, de 1156850 q. m.; elle s'élevait en 1847 à 3601901 q. m., calculer sa valeur en 1835, en supposant l'accroissement égal pour chaque année.

CHAPITRE XIX.

THÉORIE DES LOGARITHMES.

Définition.

346. Quand on considère deux progressions, l'une par *différence* commençant par 0, l'autre par quotient commençant par l'unité, les termes de la progression par différence sont nommés les *logarithmes* des termes de même rang dans la progression par quotient.

Remarque. Le logarithme d'un nombre considéré isolément, est tout à fait arbitraire. Si l'on demande : quel est le logarithme de 3? cette question n'a aucun sens tant que l'on n'a pas choisi les progressions qui définissent le système dont on veut parler.

347. D'après la définition précédente, lorsque l'on a choisi les deux progressions qui définissent un système de logarithmes, *il semble* que les nombres qui ne font pas partie de la progression par quotient n'ont pas de logarithmes; nous allons voir comment, en étendant cette définition, on est conduit à regarder chaque nombre plus grand que l'unité comme ayant un logarithme. Nous considérerons spécialement le système qui résulte des progressions :

$$\div\!\div\ 1 : 10 : 100 : 1000 \ldots$$
$$\div\ 0 \,.\, 1 \,.\, 2 \,.\, 3 \ldots$$

C'est le seul dont on fasse usage.

Supposons qu'entre deux termes consécutifs de chacune de ces progressions on insère un même nombre de moyens. On obtiendra [(332), (342)] deux nouvelles progressions dans lesquelles les termes des progressions primitives se correspondront encore, et les termes nouvellement introduits dans la progression par quotient, auront pour logarithmes les termes de même rang introduits dans la progression par différence.

348. Remarque. Pour que la définition donnée (347) soit admissible, il faut montrer que si, en insérant des nombres différents de moyens, on amène, de deux manières différentes, un même nombre à faire partie de la progression par quotient, il aura, dans les deux cas, le même logarithme.

Supposons que l'on ait d'abord inséré p moyens entre les divers termes des deux progressions :

$$\because 1 : 10 : 100 \ldots$$
$$\div 0 \,.\, 1 \,.\, 2 \ldots$$

la raison de la progression par quotient deviendra (341) $\sqrt[p+1]{10}$, et celle de la progression par différence $\frac{1}{p+1}$.

En sorte que, l'un quelconque des termes de la première, sera $(\sqrt[p+1]{10})^k$ et le terme correspondant de la seconde $\frac{k}{p+1}$; k désignant un nombre entier.

Supposons que l'on insère entre deux termes consécutifs des progressions primitives, un autre nombre p' de moyens, un terme quelconque de la progression par quotient sera $(\sqrt[p'+1]{10})^{k'}$, et son logarithme $\frac{k'}{p'+1}$; nous voulons prouver, que si l'on a

$$[1] \qquad (\sqrt[p+1]{10})^k = (\sqrt[p'+1]{10})^{k'};$$

on aura aussi :

$$[2] \qquad \frac{k}{p+1} = \frac{k'}{p'+1}.$$

Si, en effet, nous élevons les deux membres de la première de ces égalités à la puissance $(p+1) \times (p'+1)$, nous aurons :

$$[3] \qquad 10^{k \times (p'+1)} = 10^{k' \times (p+1)},$$

car, pour élever $(\sqrt[p+1]{10})$ à la puissance k, puis à la puissance $(p+1) \times (p'+1)$, il suffit de le prendre comme facteur un nombre de fois égal à $k \times (p+1) \times (p'+1)$ et pour cela, on peut l'élever d'abord à la puissance $p+1$, puis élever le résultat, qui est 10, à la puissance $k \times (p'+1)$.

L'égalité [3] entraîne évidemment :

$$k \times (p'+1) = k' \times (p+1)$$

et par suite,

$$\frac{k}{p+1}=\frac{k'}{p'+1}.$$

Donc, *si l'on peut introduire un même nombre de deux manières différentes dans la progression par quotient, on lui trouvera des deux manières, le même logarithme.*

349. Remarque II. Si l'on calcule des logarithmes en insérant un certain nombre de moyens entre les termes consécutifs des deux progressions, puis, que l'on en calcule d'autres en insérant un autre nombre de moyens, ces divers logarithmes peuvent être considérés comme faisant partie d'un même système. Pour le prouver, remarquons que si, entre les termes consécutifs de la progression par quotient on insère p moyens, puis p' moyens, tous les termes obtenus dans l'un et l'autre cas, font partie d'une seule et même progression que l'on obtiendrait en insérant $p \times p'$ moyens et dans laquelle les premiers se succèderaient de p' en p' et les autres de p en p; il en serait de même pour les moyens correspondants insérés dans la progression par différence, par conséquent, les deux systèmes sont compris dans un système unique.

Cette remarque prouve que l'on peut calculer les logarithmes indépendamment les uns des autres, sans s'assujettir à insérer constamment un même nombre de moyens dans toute la suite des deux progressions. Il suffit que le nombre des moyens insérés soit le même entre les termes correspondants.

350. Les nombres dont les logarithmes sont définis dans les paragraphes précédents, croissent par degrés aussi rapprochés qu'on le veut. Si l'on se bornait cependant à cette définition, une infinité de nombres devraient être regardés comme n'ayant pas de logarithmes. On sait par exemple (343) que, quel que soit le nombre des moyens insérés dans la progression par quotient ∺ 1 : 10 : 100 : etc., on ne pourra jamais y introduire de nombres commensurables autres que les puissances de 10. Tous les nombres commensurables peuvent au contraire s'introduire dans la progression par différence ÷ 1.2.3.4.etc., d'où l'on peut conclure, que *les nombres commensurables qui*

ne sont pas entiers, sont tous des logarithmes de nombres incommensurables.

331. Quand un nombre ne peut pas être introduit dans la progression par quotient, son logarithme se définit de la manière suivante :

Le logarithme d'un nombre N, qui ne peut pas faire partie de la progression par quotient est plus grand que les nombres commensurables qui sont les logarithmes de nombres inférieurs à N, et moindre que les nombres commensurables qui sont les logarithmes de nombres plus grands que N.

Cette manière de définir un logarithme en disant quels sont les nombres plus grands et plus petits que lui, est, comme on l'a vu, le moyen ordinaire de définition pour les nombres incommensurables.

D'après la définition précédente, il est évident qu'un nombre N étant donné, si l'on insère dans les progressions, un nombre considérable de moyens, deux d'entre eux comprendront N dans la progression par quotient, et leurs logarithmes seront des valeurs approchées du logarithme de N.

Propriétés des logarithmes.

332. Théorème I. *Le logarithme d'un produit de deux facteurs est la somme des logarithmes des facteurs.*

Soient les deux progressions :

$$\begin{array}{l} ∺ 1 : q : q^2 \ldots \quad : q^n \ldots \quad : q^m : \ldots \\ \div 0 \,.\, r \,.\, 2r \ldots \quad .\, nr \ldots \quad .\, mr \ldots \end{array}$$

qui définissent un système quelconque de logarithmes; les termes de la première sont les puissances de la raison q, ceux de la seconde, les multiples de la raison r.

Si on multiplie l'un par l'autre deux termes de la progression par quotient, q^m et q^n, on aura un produit q^{m+n} qui, évidemment est le $(m+n+1)^{ième}$ terme de la même progression; si l'on ajoute les logarithmes de q^m et q^n, qui sont mr et nr on aura une somme $(m+n)r$ qui est, évidemment, le $(m+n+1)^{ième}$ terme de la progression par différence et, par conséquent, le logarithme de q^{m+n}; la proposition est donc démontrée.

353. La démonstration précédente suppose que les nombres considérés fassent partie de la même progression par quotient. Elle est en défaut pour les logarithmes incommensurables définis (351). Pour démontrer que, dans ce cas, la proposition est encore exacte, remarquons que si l'on donne deux nombres quelconques N et N', on peut toujours insérer dans les progressions assez de moyens pour que les termes croissent par degrés insensibles et que, par conséquent, il y en ait deux, N_1 et N'_1, qui diffèrent aussi peu qu'on le voudra de N et de N'; mais on aura (352),

$$\log N_1 \times N'_1 = \log N_1 + \log N'_1.$$

Le premier membre différant aussi peu que l'on voudra de $\log N \times N'$, et le second aussi peu que l'on voudra de $\log N + \log N'$, il est impossible que ces deux quantités aient une différence déterminée quelconque, et par conséquent elles sont égales. C'est ce qu'il fallait démontrer.

354. Remarque. Le théorème précédent s'étend à un nombre quelconque de facteurs. Soit par exemple un produit de trois facteurs $a \times b \times c$, on a évidemment :

$$\log (a \times b \times c) = \log (a \times b) + c = \log (a \times b) + \log c = \log a + \log b + \log c.$$

355. Théorème II. *Le logarithme d'une puissance d'un nombre est le produit du logarithme du nombre par l'exposant de la puissance.*

Ce théorème est une conséquence de la remarque précédente. Soit en effet a^4 la puissance considérée, on a :

$$\log a^4 = \log a \times a \times a \times a \ldots = \log a + \log a + \log a + \log a = 4 \log a.$$

La démonstration s'applique évidemment quel que soit l'exposant.

356. Théorème III. *Le logarithme d'un quotient est égal au logarithme du dividende, moins celui du diviseur.*

Soit un quotient $\frac{a}{b}$ que je désignerai par q; on aura

$$a = b \times q,$$

donc

$$\log a = \log b + \log q,$$

ce qui prouve que log q est l'excès de log a sur log b.

Remarque. On suppose dans le théorème précédent que le quotient $\frac{a}{b}$ soit plus grand que 1, car les logarithmes des nombres plus grands que 1 ont seuls été définis.

337. Théorème IV. *Le logarithme d'une racine d'un nombre est égal au logarithme du nombre, divisé par l'indice de la racine.*

Soit la racine $\sqrt[m]{a}$ que je désigne par r, on a

$$\sqrt[m]{a} = r,$$

et, par conséquent,

$$a = r^m;$$

d'où l'on conclut (335)

$$\log a = m \log r,$$

et, par suite,

$$\log r = \frac{\log a}{m},$$

ce qu'il fallait démontrer.

338. Remarque. Les quatre théorèmes précédents montrent qu'une multiplication peut être remplacée par l'addition de deux logarithmes; une division par la soustraction de deux logarithmes, et enfin l'extraction d'une racine d'ordre quelconque, par la division du logarithme du nombre par l'indice de la racine. Mais il faut, pour profiter de ces simplifications, savoir trouver dans les tables le logarithme d'un nombre donné, et le nombre correspondant à un logarithme donné.

Disposition des tables de logarithmes de Callet.

339. La seule inspection d'un nombre fait connaître la partie entière de son logarithme. Ainsi les nombres de deux chiffres compris entre 10 et 100 ont des logarithmes compris entre 1 et 2, dont la partie entière est 1. Les nombres de trois chiffres compris entre 100 et 1000 ont des logarithmes compris entre 2 et 3,

dont la partie entière est 2; et, en général, un nombre de n chiffres étant compris entre 10^{n-1} et 10^n, son logarithme est compris entre $n-1$ et n, et sa partie entière est par conséquent $n-1$.

On a profité de cette remarque pour se dispenser d'inscrire dans les tables la partie entière, ou, comme on l'appelle souvent, la *caractéristique* des logarithmes.

300. La première table est toute simple; elle contient les nombres naturels depuis 1 jusqu'à 1200, disposés suivant leur ordre en plusieurs colonnes, au haut desquelles on voit la lettre N, initiale du mot *nombre*; à côté et à droite de ces colonnes, on en remarque d'autres, au haut desquelles est écrit Log., initiales du mot *logarithmes*; de manière que chaque colonne de nombres est immédiatement suivie d'une colonne de logarithmes, et que chaque logarithme est placé à droite et dans l'alignement du nombre auquel il appartient. On n'a pas mis de caractéristique aux logarithmes, parce qu'on la connait aisément à la seule inspection du nombre.

Cette table est nommée *Chiliade* I, parce qu'en effet elle contient les logarithmes du premier mille. (*Chiliade* est un mot grec francisé, qui signifie assemblage de mille unités.)

Les tables suivantes sont un peu plus composées; elles s'étendent depuis 1020 jusqu'à 108000. La première colonne, qu'on y remarque vers la gauche, est intitulée N, et contient les nombres naturels depuis 1020 jusqu'à 10800. La colonne suivante, marquée 0, offre les logarithmes qui appartiennent à ces nombres; en sorte que l'assemblage de ces deux colonnes forme la suite de la table première, et donne sur-le-champ les logarithmes des nombres depuis 1020 jusqu'à 10800.

Si l'on observe la colonne marquée 0, on verra vers la gauche de cette colonne certains nombres isolés de trois chiffres chacun, qui vont toujours en augmentant d'une unité, et qui ne sont pas à des distances tout à fait égales les uns des autres. Vers la droite de la même colonne, sont des nombres de quatre chiffres chacun, qui ne laissent point d'intervalle entre eux; en sorte qu'on pourrait croire que certains logarithmes n'ont que quatre chiffres, tandis que d'autres en ont sept.

Mais qu'on ne s'y trompe pas, chaque nombre isolé est censé

écrit au-dessous de lui-même, et vis-à-vis chacun des nombres de quatre chiffres qui sont dans la même colonne, autant de fois qu'il est nécessaire pour que chaque ligne soit remplie : lors donc qu'on ne trouve vis-à-vis un certain nombre que quatre chiffres dans la colonne marquée 0, il faut écrire vers la gauche de ces quatre chiffres le nombre isolé de trois chiffres le plus prochain en montant. Au delà de 10000 les nombres isolés ont quatre figures.

Lorsque deux nombres sont décuples l'un de l'autre, leurs logarithmes ont pour différence le logarithme de 10 qui est 1, et par conséquent, leur partie décimale est la même ; ainsi l'assemblage des deux premières colonnes dont nous venons de parler, donne aussi de dix en dix les logarithmes des nombres compris entre 10200 et 108000. Pour trouver les logarithmes des nombres intermédiaires, il faut avoir recours aux colonnes marquées 1, 2, 3, 4, etc. Ces colonnes contiennent les quatre dernières décimales des logarithmes des nombres terminés par les chiffres qui sont en tête de ces colonnes. Ainsi la colonne marquée 0 contient les quatre dernières décimales des logarithmes des nombres compris entre 10200 et 108000 qui sont terminés par un zéro, et en outre les nombres isolés dont nous avons parlé, et qui sont aussi censés placés à la gauche des chiffres que contiennent les autres colonnes. La colonne marquée 1 contient les quatre derniers chiffres des logarithmes de tous les nombres terminés par 1 ; la colonne marquée 2, ceux de tous les nombres terminés par 2 ; la colonne marquée 3, ceux de tous les nombres terminés par 3 ; et ainsi de suite jusqu'à neuf. On a par ce moyen une table à double entrée, dans laquelle on consulte d'abord la première colonne marquée N ; et lorsqu'on y a trouvé les quatre premières figures du nombre dont on veut avoir le logarithme, on suit de l'œil la ligne sur laquelle ils se trouvent, jusqu'à ce qu'on soit arrivé à la colonne au haut de laquelle se trouve le dernier chiffre du nombre donné ; alors on a sous les yeux les quatre derniers chiffres du logarithme cherché. Quant aux trois premiers, ils sont exprimés par le nombre isolé qui se trouve dans la quatrième colonne, le plus prochain en montant.

La dernière colonne contient les différences de deux logarithmes consécutifs et les parties de ces différences, c'est-à-dire les produits de ces mêmes différences multipliées par $\frac{1}{10}$, $\frac{2}{10}$, $\frac{3}{10}$, etc., jusqu'à $\frac{9}{10}$. Ces produits forment autant de petites tables qu'il y a de différences. Chacune de ces petites tables se trouve placée immédiatement au-dessous de la différence dont elle indique les parties. On verra plus loin quel est leur usage.

Mais, comme vers le commencement des tables ces différences se trouvent trop nombreuses, et par conséquent trop près les unes des autres, elles n'auraient pas permis, si elles n'eussent occupé qu'une colonne, de placer les petites tables des parties dans l'intervalle qui se serait trouvé entre elles. C'est pourquoi on les a disposées d'abord sur deux colonnes, la première de ces différences occupe la première colonne; les deux suivantes, sans sortir de la ligne horizontale où elles doivent être placées, sont repoussées à droite et occupent la seconde colonne; les deux différences qui suivent se trouvent sur la première colonne et les deux suivantes sur la seconde : ainsi de suite. Dans les quatre premières pages, on n'a placé les tables des parties de ces différences que de deux en deux.

Pour rendre ces explications plus claires, nous reproduisons ici l'une des pages de la table de Callet :

N.	0	1	2	3	4	5	6	7	8	9	DIFF.
7680	885.3612	3669	3725	3782	3838	3895	3951	4008	4065	4121	57
81	4178	4234	4291	4347	4404	4460	4517	4573	4630	4686	1 | 6
82	4743	4800	4856	4913	4969	5026	5082	5139	5195	5252	2 | 11
83	5308	5365	5421	5478	5534	5591	5647	5704	5761	5817	3 | 17
84	5874	5930	5987	6043	6100	6156	6213	6269	6326	6382	4 | 23
7685	6439	6495	6552	6608	6665	6721	6778	6834	6891	6947	5 | 29
86	7004	7060	7117	7173	7230	7286	7343	7399	7456	7512	6 | 34
87	7569	7625	7682	7738	7795	7851	7908	7964	8021	8077	7 | 40
88	8134	8190	8247	8303	8360	8416	8473	8529	8586	8642	8 | 46
89	8699	8755	8812	8868	8925	8981	9037	9094	9150	9207	9 | 51
7690	9263	9320	9376	9433	9489	9546	9602	9659	9715	9772	
91	9828	9885	9941	9998							
	886.				0054	0110	0167	0223	0280	0336	
92	0393	0449	0506	0562	0619	0675	0732	0788	0844	0901	
93	0957	1014	1070	1127	1183	1240	1296	1352	1409	1465	
94	1522	1578	1635	1691	1748	1804	1860	1917	1973	2030	
7695	2086	2143	2199	2256	2312	2368	2425	2481	2538	2594	
96	2651	2707	2763	2820	2876	2933	2989	3046	3102	3158	
97	3215	3271	3328	3384	3441	3497	3553	3610	3666	3723	
98	3779	3835	3892	3948	4005	4061	4118	4174	4230	4287	
99	4343	4400	4456	4512	4569	4625	4682	4738	4794	4851	
7700	4907	4964	5020	5076	5133	5189	5246	5302	5358	5415	
01	5471	5528	5584	5640	5697	5753	5810	5866	5922	5979	
02	6035	6092	6148	6204	6261	6317	6373	6430	6486	6543	
03	6599	6655	6712	6768	6824	6881	6937	6994	7050	7106	
04	7163	9219	7275	7332	7388	7445	7501	7557	7614	7670	
7705	7726	7783	7839	7896	7952	8008	8065	8121	8177	8234	
06	8290	8346	8403	8459	8515	8572	8628	8685	8741	8797	
07	8854	8910	8966	9023	9079	9135	9192	9248	9304	9361	
08	9417	9473	9530	9586	9642	9699	9755	9811	9868	9924	
09	9980										
	887.	0037	0093	0149	0206	0262	0318	0375	0431	0487	
7710	0544	0600	0656	0713	0769	0825	0882	0938	0994	1051	
11	1107	1163	1220	1276	1332	1389	1445	1501	1558	1614	
12	1670	1727	1783	1839	1895	1952	2008	2064	2121	2177	
13	2233	2290	2346	2402	2459	2515	2571	2627	2684	2740	
14	2796	2853	2909	2965	3022	3078	3134	3190	3247	3303	
7715	3359	3416	3472	3528	3584	3641	3697	3753	3810	3866	
16	3922	3978	4035	4091	4147	4204	4260	4316	4372	4429	
17	4485	4541	4598	4654	4710	4766	4823	4879	4935	4991	
18	5048	5104	5160	5217	5273	5329	5385	5442	5498	5554	
19	5610	5667	5723	5779	5835	5892	5948	6004	6060	6117	
7720	6173	6229	6286	6342	6398	6454	6511	6567	6623	6679	
21	6736	6792	6848	6904	6961	7017	7073	7129	7185	7242	
22	7298	7354	7410	7467	7523	7579	7635	7692	7748	7804	
23	7860	7917	7973	8029	8085	8142	8198	8254	8310	8366	
24	8423	8479	8535	8591	8648	8704	8760	8816	8872	8929	
7725	8985	9041	9097	9154	9210	9266	9322	9378	9435	9491	
26	9547	9603	9659	9716	9772	9828	9884	9941	9997		
	888.									0053	
27	0109	0165	0222	0278	0334	0390	0446	0503	0559	0615	
28	0671	0727	0784	0840	0896	0952	1008	1064	1121	1177	
29	1233	1289	1345	1402	1458	1514	1570	1626	1683	1739	
N.	0	1	2	3	4	5	6	7	8	9	

On voit dans la table, à gauche de la colonne N, deux autres colonnes, que nous n'avons pas reproduites parce qu'elles n'ont aucun rapport avec la théorie des logarithmes.

Usage des tables de logarithmes.

361. PROBLÈME I. *Un nombre quelconque étant donné, trouver son logarithme par le moyen des tables.*

Quelle que soit la place qu'occupe dans la suite décimale le premier chiffre significatif d'un nombre, on le considérera d'abord comme s'il était entier, sauf à donner ensuite à son logarithme une caractéristique convenable.

1er CAS. Si le nombre donné est moindre que 1200, on le trouvera dans la première chiliade, parmi les nombres naturels qui sont dans quelques-unes des colonnes marquées N. Le nombre qu'on trouvera à sa droite, sur la même ligne et dans la colonne suivante, intitulée Log., sera son logarithme, après qu'on y aura joint la caractéristique qui convient à ce logarithme, laquelle est toujours égale à 1, 2, 3, 4, etc., selon que le premier chiffre significatif du nombre exprime des unités simples, des dizaines, des centaines ou des mille, etc.

2e CAS. Si le nombre donné est compris entre 1020 et 10800, on le cherchera dans la table qui vient après la chiliade I, et l'ayant trouvé dans la colonne intitulée N, on consultera la colonne suivante marquée 0. Si l'on y voit sept chiffres de front dans l'alignement du nombre naturel, on aura tout d'un coup la partie décimale du logarithme cherché; mais si l'on n'y trouve que quatre figures, elles donneront les quatre derniers chiffres de la même partie décimale; ensuite on remarquera qu'il règne à leur gauche une marge ou espace blanc; on suivra cette marge en montant, et le premier nombre de trois chiffres qu'on y rencontrera, exprimera les trois premières figures de la fraction décimale du logarithme cherché. Écrivant donc ce nombre vers la gauche des quatre chiffres qu'on a déjà trouvés, on aura un nombre de sept chiffres comme ci-dessus : enfin on y joindra une caractéristique convenable. Par exemple, à côté de 7680, je trouve 8853012 sur la même ligne et dans la colonne marquée 0; j'ai donc tout d'un coup la partie décimale du logarithme que je cherche; il ne me reste plus qu'à y joindre la caractéristique 3. Si le nombre était 7,680, la caractéristique serait zéro; elle serait 1, si le nombre était 76,80; 2, s'il était 768,0. A côté de 7695, dans la colonne marquée 0, je ne trouve que 2086; mais en suivant la marge, le premier nombre que je rencontre en montant est 886; mon logarithme est donc 3,8862086. Le nombre ayant cinq figures, s'il était moindre que 10800, on trouverait de même son logarithme.

3e Cas. Si le nombre est compris entre 10200 et 108000, c'est-à-dire s'il a cinq chiffres significatifs, on fera pour un instant abstraction du dernier, et l'on cherchera comme ci-dessus le nombre qu'expriment les quatre premiers. On suivra de l'œil la ligne sur laquelle on l'aura trouvé, en la parcourant de gauche à droite jusqu'à ce qu'on soit dans la colonne en haut de laquelle est écrit le cinquième chiffre dont on a fait abstraction. Les quatre figures qui sont tout à la fois dans l'alignement des quatre premiers chiffres du nombre donné, et dans la colonne qui répond au cinquième, exprimeront les quatre dernières décimales du logarithme de ce nombre. Quant aux trois premières, on les trouvera comme ci-dessus en remontant le long de la marge de la colonne intitulée 0. Soit, par exemple, 772,37 dont on veut le logarithme, je cherche 7723 dans la colonne N, je ne vois rien dans son alignement à la marge de la colonne 0; mais un peu plus haut, je rencontre 887 dans cette marge; je parcours la ligne du nombre 7723, et je m'arrête à la colonne marquée 7, sur laquelle et dans l'alignement de 7723, je trouve 8254. La partie décimale de mon logarithme est donc 0,8878254 et ce logarithme est 2,8878254. Si le nombre était compris entre 102000 et 108000, on trouverait de même son logarithme.

362. Les explications très-détaillées qui précèdent donnent le moyen de trouver le logarithme d'un nombre entier moindre que 108000 et celui d'un nombre décimal, dont les chiffres, abstraction faite de la virgule, expriment un nombre inférieur à cette limite. Pour trouver le logarithme des nombres plus grands, on remarque qu'en les divisant par une puissance convenable de 10, on pourra toujours les réduire à être compris dans les limites de la table; or, une pareille division diminue le logarithme d'un nombre entier d'unités, et ne change pas,

par conséquent, sa partie décimale. Le problème se réduit donc à trouver le logarithme d'un nombre qui n'est pas entier, inférieur à 108000. Pour cela, on admet que, dans des limites peu éloignées, l'accroissement des logarithmes est proportionnel à celui des nombres. Soit donc un nombre 76807,753, on dira :

le logarithme de 76807 est 4,8854008
celui de 76808 est 4,8854065

leur différence indiquée dans la table est 57 (unités décimales du septième ordre), par conséquent : le nombre augmentant d'une unité, son logarithme augmente de 57, s'il augmente de 0,753, son logarithme augmentera donc d'une quantité x, déterminée par la proportion

$$1 : 0,753 :: 57 : x$$

d'où

$$x = 57 \times 0,753.$$

Dans la multiplication de 57 par 0,753, il ne faudra prendre que la partie entière du produit, car la partie décimale exprimerait au plus des dixièmes d'unité du septième ordre, c'est-à-dire des unités du huitième ordre, que l'on néglige dans la valeur des logarithmes.

Pour multiplier 57 par 0,753, on le multipliera successivement par 7, 5 et 3 ; ces produits se trouvent tout calculés dans le tableau placé au-dessous de 57, dernière colonne à droite de la table. Ils sont réduits aux chiffres que l'on doit conserver, en supposant que le multiplicateur exprime des dixièmes. Ainsi, vis-à-vis de 7, on trouve 40, au lieu de 39,9 qui serait le produit exact ; vis-à-vis de 5, 29 au lieu de 28,5 ; vis-à-vis de 3, 17 au lieu de 17,1. Dans le cas actuel, 5 exprimant des centièmes, le produit correspondant sera 2,9, auquel on substituera 3 ; 3 exprimant des millièmes, le produit correspondant devra être divisé par 100, il exprimera alors 0,17, et on le négligera.

La valeur de x, $57 \times 0,753$, sera, d'après cela, 43, et pour avoir le logarithme demandé, il faut ajouter au logarithme de 76807, 43 unités du septième ordre, ce qui fera 4,8854051.

Si l'on voulait le logarithme de 76807953, il serait évidemment 7,8854051. En général, pourvu que l'on conserve les mêmes chiffres, à quelque place que l'on mette la virgule, la partie décimale du logarithme reste la même.

303. PROBLÈME II. *Un logarithme étant donné, trouver par le moyen des tables le nombre auquel il appartient.*

1er CAS. Si le logarithme se trouve parmi quelqu'un de ceux de la première chiliade, on aura sur-le-champ le nombre qui lui correspond ; ce nombre sera dans la colonne marquée N qui précède immédiatement celle qui contient le logarithme donné, et dans l'alignement de ce logarithme.

2e CAS. Si le logarithme ne se trouve pas dans la première table, on cherchera les trois premières décimales de ce logarithme parmi les nombres isolés que l'on voit dans la colonne marquée 0 de la seconde table, et les ayant trouvées, on cherchera les quatre dernières figures du logarithme parmi les nombres de quatre chiffres qui sont dans cette même colonne en descendant. Si l'on y trouve ces quatre dernières figures, on verra le nombre cherché dans la colonne marquée N, et sur leur alignement.

3e CAS. Si l'on ne trouve pas dans la colonne marquée 0 les quatre dernières figures du logarithme donné, on s'arrêtera à celles qui en approchent le plus *en moins*; on suivra la ligne sur laquelle on se sera arrêté, en la parcourant de gauche à droite; et si l'on trouve dans cette ligne les quatre dernières figures du logarithme donné, on suivra en montant ou en descendant la colonne dans laquelle on les aura trouvées; le chiffre qu'on verra à la tête ou au pied de cette colonne, sera la cinquième figure du nombre cherché, dont les quatre premières se trouveront, comme ci-dessus, dans la colonne marquée N.

Veut-on savoir, par exemple, à quel nombre appartient le logarithme qui a, pour partie décimale, 8871276, je cherche 887 parmi les nombres isolés de la colonne marquée 0; je parcours en descendant la même colonne, et je trouve que 1107 approche le plus *en moins* de 1276; je suis la ligne qui commence par 1107, et je trouve 1276 sur cette ligne; je monte dans la colonne qui contient 1276, je trouve le chiffre 3 à la tête de cette colonne; je reviens à 1276, et je vois que la ligne où il se trouve répond au nombre 7711 ; j'écris ce nombre, et à sa droite le chiffre 3 que j'ai déjà trouvé : ce qui me donne 77113. C'est le nombre qu'il fallait trouver.

4e CAS. Le logarithme donné ne se trouvant dans aucun des cas précédents, pour avoir le nombre auquel il appartient, on cherchera, comme ci-dessus, le logarithme qui en approche le plus *en moins*. On cherchera le nombre entier correspondant, ce nombre et le suivant comprendront le nombre cherché et l'on cherchera la différence avec un de ces nombres entiers, à l'aide de la proportion admise (363).

EXEMPLE. Soit à chercher le nombre dont le logarithme a pour partie décimale 8870279. On trouvera, comme il a été dit, que ce logarithme est compris entre 8870262 et 8870318, qui répondent aux nombres 77095 et 77096, la différence de ces deux logarithmes est 57 unités du dernier ordre, et le logarithme donné surpasse le plus petit des deux de 17 unités du même ordre, on dira donc, à une différence 57 entre les logarithmes correspond une différence 1 entre les nombres, donc à une différence 17 doit correspondre entre les nombres une différence x déterminée par la proportion

$$57 : 17 :: 1 : x,$$

d'où l'on conclut $x = \frac{17}{57}$, et, par suite, le nombre cherché est $77095 + \frac{17}{57}$ ou, en réduisant en décimales, 77095,29.

REMARQUE I. Si l'on retranche l'un de l'autre les deux logarithmes consécutifs 8870262 et 8870318, on trouve pour différence 56 et non 57. Il faut adopter néanmoins la différence 57 donnée par Callet, qui, à cause des chiffres décimaux non écrits dans la table, est plus près de la véritable que 56.

364. REMARQUE II. Nous ne pouvons pas indiquer ici la limite de l'erreur que l'on peut commettre, en supposant l'accroissement des logarithmes proportionnel à celui des nombres. Nous ferons observer seulement que l'inspection des tables montre que cette proportionnalité est à peu près exacte dans des limites assez écartées. La différence de deux logarithmes consécutifs varie, en effet, très-lentement, et au degré d'approximation que donnent les tables, elle reste souvent constante pendant plusieurs pages, il en résulte évidemment que, pour les nombres entiers compris dans ces pages, l'accroissement des logarithmes est proportionnel à celui des nombres.

Applications de la théorie des logarithmes.

365. Quand un nombre inconnu résulte de multiplications, divisions, extractions de racines ou élévations aux puissances

effectuées sur des nombres donnés, pour déterminer sa valeur, on cherche celle de son logarithme, qui résulte d'opérations beaucoup plus simples ; le logarithme étant connu, le nombre correspondant se détermine comme il a été dit (360).

360. Remarque. D'après nos définitions, les nombres plus grands que l'unité ont seuls des logarithmes. Il est donc essentiel que les nombres sur lesquels on opère remplissent tous cette condition ; on pourra toujours faire que cela ait lieu, en remarquant que pour multiplier un nombre par un nombre a moindre que l'unité, on peut le diviser par le nombre $\frac{1}{a}$ qui est plus grand que 1, et pour le multiplier par a, on peut au contraire le diviser par $\frac{1}{a}$.

Si le nombre que l'on veut calculer était lui-même moindre que 1, nos définitions ne lui assigneraient pas de logarithme. Dans ce cas, on le multiplierait par une puissance de 10 assez considérable, pour que le produit surpassât l'unité, on appliquerait alors la méthode précédente, et on diviserait le résultat par cette puissance de 10.

Exemple I. Calculer l'expression

$$x = \left(\sqrt[3]{13572 \times \tfrac{1}{11}}\right)^2,$$

on écrit cette expression :

$$x = \left(\sqrt[3]{\tfrac{13572}{11}}\right)^2$$

et l'on a

$$\log x = \tfrac{2}{3}\,(\log 13572 - \log 11),$$

en cherchant dans les tables log 13572 et log 11, on calculera facilement $\log x$, et, par suite, la valeur de x.

Exemple II. Calculer

$$x = \sqrt[5]{\tfrac{1}{375} \times 0{,}5142}.$$

x étant plus petit que 1, on le multiplera par une puissance de 10, 10^n, et l'on aura

$$10^n \times x = 10^n \sqrt[5]{\tfrac{1}{375} \times \tfrac{5142}{10000}} = \frac{10^n}{\sqrt[5]{375} \times \sqrt[5]{\tfrac{10000}{5142}}},$$

et, par suite,

$$\log (10^n \times x) = n - \tfrac{1}{5}\left(\log 375 + \log \tfrac{10000}{5142}\right)$$

$\log \frac{10000}{5142}$ est égal à $4 - \log 5142$, on a donc

$$\log (10^n . x) = n - \tfrac{1}{5} (\log 375 - \log 5142 + 4).$$

En prenant ici $n = 2$, la soustraction indiquée dans le second membre pourra s'effectuer; en cherchant le nombre correspondant au logarithme ainsi trouvé, on trouvera le produit $10^2 \times x$, et par suite x en divisant le résultat par 100.

Des différents systèmes de logarithmes.

367. On peut choisir à volonté deux progressions par différence et par quotient, commençant l'une par 0, l'autre par l'unité, elles fourniront un système de logarithmes qui jouira de toutes les propriétés démontrées (**352**). Ces systèmes en nombre infini sont liés les uns aux autres par une loi très-simple qui résulte du théorème suivant :

THÉORÈME. *Le rapport des logarithmes de deux nombres est le même dans tous les systèmes.*

Soient, en effet, A et B deux nombres quelconques, et $\frac{m}{n}$ la fraction à termes entiers qui, dans un certain système, représente le rapport de leurs logarithmes, on aura

$$\frac{\log A}{\log B} = \frac{m}{n},$$

et par suite

$$n \log A = m \log B,$$

ou bien,

$$\log A^n = \log B^m,$$

d'où l'on conclut

$$A^n = B^m;$$

mais quel que soit le système de logarithmes adopté, il résulte de cette dernière égalité

$$\log A^n = \log B^m,$$

et, par conséquent,

$$n \log A = m \log B,$$

ou, ce qui revient au même,

$$\frac{\log A}{\log B} = \frac{m}{n}.$$

Le rapport des deux logarithmes est donc, dans un système quelconque, le même que dans le système primitif.

368. Remarque I. La démonstration précédente suppose que le rapport des deux logarithmes considéré soit commensurable. S'il n'en était pas ainsi, on pourrait en considérer deux autres aussi peu différents que l'on voudrait des premiers, et qui rempliraient cette condition, le théorème précédent s'y appliquant, quelque rapprochés qu'ils soient des deux logarithmes proposés, nous admettons, comme évident, qu'il s'applique aussi à ceux-ci.

Remarque II. Si A et B désignent deux nombres quelconques et qu'on représente leurs logarithmes pris dans deux systèmes différents, par log A, log B, log'A, log'B, on a, d'après le théorème précédent,

$$\frac{\log A}{\log B} = \frac{\log' A}{\log' B},$$

d'où l'on conclut aisément

$$\frac{\log' A}{\log A} = \frac{\log' B}{\log B},$$

et, par conséquent, pour obtenir log'A et log'B, il faudrait multiplier log A et log B par un même nombre, c'est-à-dire que, *pour obtenir les logarithmes des différents nombres dans un système quelconque, il faut multiplier par un nombre constant les logarithmes pris dans un autre système.*

369. Il résulte du théorème précédent, qu'une table de logarithmes étant construite, on pourra en construire une seconde, pourvu que l'on connaisse un seul des logarithmes du nouveau système. Il suffira, en effet, de multiplier les logarithmes du premier système par le rapport de ce logarithme connu au logarithme correspondant du premier système.

Pour définir un système de logarithmes, on donne ordinairement le nombre qui a pour logarithme l'unité. Ce nombre se nomme base du système. La base de système dans les tables de Callet est 10.

370. D'après ce qui précède, les tables calculées pour le cas

de la base de 10 permettent de calculer un logarithme dans un système quelconque. Soit proposé, par exemple, de calculer le logarithme de 7698 dans le système dont la base est 12. On trouvera dans les tables de Callet que, dans le système dont la base est 10 :

Le logarithme de 12 est 1,07918125,

Le logarithme de 7698 est 3,8863779 ;

Dans le système dont la base est 12 :

Le logarithme de 12 est 1,

Le logarithme de 7698 est x;

et, par suite (368),

$$1{,}07918125 : 1 :: 3{,}8863779 : x,$$

d'où l'on tirera la valeur de x.

371. Réciproquement, connaissant le logarithme d'un nombre quelconque, on peut trouver la base du système. Cherchons, par exemple, quelle est la base du système dans lequel le logarithme de 25 est 0,78321.

Nommant b cette base inconnue, on a dans le système en question :

$$\log b = 1$$
$$\log 25 = 0{,}78321.$$

Dans le système dont la base est 10, les tables donnent :

$$\log 25 = 1{,}39794001,$$

donc, le logarithme de b, dans ce système, sera déterminé par la proportion

$$1 : 0{,}78321 :: 1{,}39794001 : x.$$

On déduira de cette proportion le logarithme x de la base b dans le système ordinaire, et, par suite (366), la valeur de cette base elle-même.

RÉSUMÉ.

346. Définition des logarithmes au moyen de deux progressions. — **347**. Extension de la définition aux termes que l'on peut introduire dans les progressions par insertion de moyens. — **348**. De quelque manière qu'un nombre arrive à faire partie de la progression par quotient, son logarithme sera toujours le même. — 349. Les logarithmes calculés en insérant différents nombres de moyens font partie d'un même système; il suffit que le nombre des moyens insérés entre deux termes de la progression par différence soit le même qu'entre deux termes de la progression par quotient. — 350. Définition des logarithmes des nombres qui ne peuvent pas faire partie de la progression par quotient. — 351. Les nombres commensurables autres que les puissances de 10 ont des logarithmes incommensurables. — 352. Le logarithme d'un produit de deux facteurs est la somme des logarithmes des facteurs. — 353. La proposition s'étend aux logarithmes incommensurables. — 354. Le théorème s'étend à un nombre quelconque de facteurs. — 355. Logarithme d'une puissance. — 356. Logarithme d'un quotient. — 357. Logarithme d'une racine. — 358. Les théorèmes précédents ramènent les opérations à d'autres plus simples, pourvu que l'on sache faire usage des tables de logarithmes. — 359. La seule inspection d'un nombre fait connaître la partie entière ou caractéristique de son logarithme. — 360. Disposition des tables de Callet. — 361. Usage des tables pour trouver le logarithme d'un nombre compris dans la table. — 362. Pour trouver le logarithme d'un nombre non compris dans la table, on suppose l'accroissement des logarithmes proportionnel à celui des nombres. — 363. Moyen de trouver le nombre correspondant à un logarithme donné dans le cas où le logarithme n'est pas dans la table; on fait encore usage de la proportion admise plus haut. — 364. L'inspection des tables prouve que cette proportion est à peu près exacte. — 365. Moyen d'effectuer par logarithmes les multiplication, division, élévation aux puissances, etc. — 366. Les nombres sur lesquels on opère doivent être plus grands que l'unité; moyen de faire en sorte que cela ait lieu. — 367. Le rapport des logarithmes de deux nombres est le même dans tous les systèmes. — 368. Cas où les deux logarithmes ont un rapport incommensurable. — 369. Définition de la base d'un système de logarithmes. — 370. Recherche d'un logarithme dans une base quelconque. — 371. Recherche de la base connaissant le logarithme d'un nombre.

EXERCICES.

I. Partager une somme de 37500 francs entre trois enfants de 5, 8 et 12 ans, de telle manière que chaque part, placée à intérêts composés au taux de 4 pour 100, produise à chacun la même somme quand il atteindra sa 21e année.

II. Un gouvernement emprunte cent millions de francs. Pour

éteindre cette dette, il fonde une caisse d'amortissement d'un pour cent, c'est-à-dire que chaque année il place un million à intérêts composés. Après combien d'années le fonds d'amortissement sera-t-il égal au capital de la dette? en supposant le taux de l'intérêt constant et égal à 5 pour cent.

III. Quelle est la base d'un système de logarithmes dans lequel 6 est le logarithme de 729?

IV. Quelles sont les bases commensurables telles que le logarithme de 20 soit commensurable?

NOTE I.

SUR LES DIFFÉRENTS SYSTÈMES DE NUMÉRATION.

Conventions qui peuvent donner naissance aux différents systèmes.

372. Le principe de notre système de numération n'est aucunement lié au choix particulier du nombre 10, qui y exprime le rapport d'une unité à celle de l'ordre suivant. On aurait pu adopter une autre base, et, en conservant le même principe, faire usage d'un nombre différent de caractères. Si, par exemple, on adoptait pour base le nombre 8, il faudrait convenir qu'un chiffre placé à la droite d'un autre lui fait acquérir une valeur 8 fois plus grande. D'après cela, les unités des différents ordres s'écriraient

10
100
1000
10000
etc.,

et représenteraient respectivement 8 unités, 64 unités, 512 unités, 4096 unités, chacune d'elles étant 8 fois plus grande que la précédente. Pour écrire un nombre dans ce système, il faudrait le décomposer en unités des divers ordres et l'on n'aurait jamais besoin d'admettre plus de 7 unités d'un ordre donné, car 8 en formeraient une de l'ordre suivant. 8 caractères, y compris le zéro, suffiraient donc pour écrire tous les nombres.

Traduire, dans un système quelconque, un nombre écrit dans le système décimal.

373. Soit le nombre 783214 écrit, dans le système décimal, à traduire dans le système dont la base est 8. Puisque, dans ce nouveau système, chaque unité du second ordre vaut 8 unités simples, en divisant le nombre proposé par 8 le quotient exprimera le nombre d'unités du second ordre qu'il contient et le reste sera par conséquent le chiffre des unités simples. De même, en divisant le quotient obtenu par 8, le nouveau quotient sera le nombre des unités du troisième ordre, et le reste le nombre des unités du second ordre, en continuant ainsi jusqu'à ce qu'on arrive à un quotient moindre que 8, on obtiendra tous les chiffres de l'expression demandée. Voici le tableau des opérations :

783214	8					
03	97901	8				
72	17	12237	8			
01	19	42	1529	8		
14	30	23	72	191	8	
6	61	77	09	31	23	8
	5	5	1	7	7	2

Les chiffres cherchés sont les restes successivement obtenus et le dernier quotient; l'expression cherchée est donc 2771556.

Remarque. Si la base choisie est plus grande que 10, il faudra employer plus de dix caractères. Par exemple, dans le système dont la base est 12, ou duodécimal, il faudrait un caractère pour exprimer 10 et un autre pour exprimer 11, on adoptera, par exemple, *a* et *b*. En appliquant la méthode précédente au nombre 59 321 on trouve qu'il s'exprime, dans le système duodécimal, par 2*a*365.

Traduire, dans le système décimal, un nombre écrit dans un système quelconque.

374. Cette question ne diffère pas au fond de la précédente; il s'agit dans les deux cas de passer d'un système à un autre, et le système décimal n'a aucune propriété spéciale qui oblige à le distinguer des autres. On pourrait donc passer d'un système quelconque au système décimal par une série de divisions; mais ces divisions devraient être faites dans le système de numération dans lequel serait écrit le nombre donné, et pourraient, à cause du manque d'habitude, paraître plus embarrassantes. On peut leur substituer des multiplications faites dans le système décimal.

EXEMPLE. Soit à traduire dans le système décimal le nombre 39a4, écrit dans le système duodécimal.

Le chiffre 4 exprime 3 unités,
Le chiffre a exprime 10×12 ou 120 unités,
Le chiffre 9 exprime 3×12^2 ou 1296 unités,
Le chiffre 3 exprime 3×12^3 ou 5184 unités,

et par suite, le nombre proposé exprime les sommes de ces différents produits, c'est-à-dire 5626.

REMARQUE. On pourrait aussi passer du système décimal à un système quelconque, en faisant seulement des multiplications; mais ces multiplications devraient être faites dans le nouveau système de numération.

Nous ne donnerons aucun détail sur la manière d'opérer dans ces différents systèmes, qui ne sont jamais employés. Les règles étant d'ailleurs absolument les mêmes que pour le système décimal, on n'aura aucune difficulté à les trouver et à les appliquer.

NOTE II.

SUR UN MOYEN D'ABRÉGER L'EXTRACTION DES RACINES CARRÉES.

---

375. Théorème. *Lorsque l'on a trouvé plus de la moitié des chiffres de la racine carrée d'un nombre entier, on peut trouver tous les autres par une seule division.*

Désignons par N un nombre entier et par a le nombre exprimé par l'ensemble des chiffres connus de sa racine, ces chiffres étant suivis d'autant de zéros qu'il y a encore de chiffres inconnus. Soit x le nombre, en général incommensurable, qu'il faut ajouter à a pour avoir la racine exacte ; on devra avoir

$$(a+x)^2 = N,$$

donc

$$2ax + x^2 = N - a^2.$$

La différence $N - a^2$ est un nombre connu, dont la suite ordinaire des calculs fait connaître la valeur. Désignons-le par R, on aura

$$2ax + x^2 = R,$$

donc

$$2ax = R - x^2$$

et

$$x = \frac{R}{2a} - \frac{x^2}{2a}.$$

Soient q le quotient de la division de R par $2a$, et R' le reste, l'égalité précédente devient

$$x = q + \frac{R'}{2a} - \frac{x^2}{2a}. \qquad (1)$$

Soit n le nombre des chiffres encore inconnus de la racine, x est alors moindre que 10^n, et, par suite, x^2 est moindre que 10^{2n}; mais, d'après l'hypothèse, a renferme au moins $2n+1$ chiffres ; donc $a \times 2$ est plus grand que 10^{2n}. Il en résulte que

$\frac{x^2}{2a}$ est moindre que l'unité. Il en est évidemment de même de $\frac{R'}{2a}$; la différence de ces deux fractions est, à plus forte raison, moindre que 1, et l'erreur commise en prenant

$$x = q$$

sera moindre qu'une unité.

q peut être la valeur exacte de x, ou la valeur approchée par excès ou par défaut. Il est important de distinguer les trois cas. Si l'on a $q = x$, il faut, d'après l'équation [1], que l'on ait

$$x^2 = R',$$

et, par suite,

$$q^2 = R'.$$

Si q est plus petit que x, il faut, d'après la même équation [1], que x^2 soit plus petit que R' et, *a fortiori*, que q^2 soit plus petit que R'.

Si q est plus grand que x, il faut, au contraire, d'après l'équation [1], que x^2 soit plus grand que R' et, *a fortiori*, que q^2 soit plus grand que R'.

Ainsi, suivant que q^2 sera égal à R', plus petit que R' ou plus grand que R', la valeur q, trouvée pour x, sera exacte, trop petite ou trop grande, l'erreur étant, dans tous les cas, moindre qu'une unité.

APPLICATION. *Soit à extraire la racine carrée du nombre*

78,32,17,41,57,242.

Ce nombre ayant treize chiffres, la racine cherchée doit en avoir sept. Si donc nous en connaissons quatre, la méthode précédente permettra d'obtenir les trois autres par une division. Or, on trouve, en appliquant la méthode générale, que les quatre premiers chiffres de la racine sont 2764; le nombre désigné par a, dans les raisonnements précédents, est donc ici 2764000, la différence $R = N - a^2$, est 2478157242. Il faut diviser cette différence par le double de 2764000, c'est-à-dire par 5528000. En effectuant cette division, on trouve pour quotient 448 et pour reste 1613242. Ce reste étant plus grand que le carré de 448, la racine 2764448 est approchée à une unité près, par défaut.

TABLE DES CHAPITRES.

FIN DE LA TABLE DES CHAPITRES.

ERRATA.

Page 33, ligne 12 : 900000; *lisez* 9000000.
34, 24 et 25 : au moins autant de chiffres que le diviseur et en plus un chiffre de plus; *lisez* autant de chiffres que le diviseur ou un de plus.
50, En titre. Preuve par 9 et par 11 de la multiplication, *lisez* Reste d'une division par 11.
62, 33 : sur un nombre plus grand, *lisez* sur un nombre R, plus grand.
63, les quotient sont, *lisez* les quotients ont.
64, 10 : diviseurs à effectuer; *lisez* divisions à effectuer.

www.ingramcontent.com/pod-product-compliance
Lightning Source LLC
LaVergne TN
LVHW020554230826
846091LV00002B/492

9782019676476